中华文化撷萃丛书

U0135255

RIYUE QINXING

日月寝兴

——中华起居文化撷萃

ZHONGHUA QIJU WENHUA XIECUI

杨玉峰 编著

时代出版传媒股份有限公司
安徽文艺出版社

图书在版编目(CIP)数据

日月寝兴:中华起居文化撷萃/杨玉峰编著.—合肥:安徽文艺
出版社,2014.3
（中华文化撷萃丛书）
ISBN 978-7-5396-4789-0

Ⅰ.①日… Ⅱ.①杨… Ⅲ.①民居-文化-中国-普及
读物 Ⅳ.①TU241.5-05

中国版本图书馆 CIP 数据核字(2013)第 291497 号

出 版 人：朱寒冬
责任编辑：徐家庆　　　　　　　　　　装帧设计：张诚鑫

出版发行:时代出版传媒股份有限公司　www.press-mart.com
　　　　　安徽文艺出版社　www.awpub.com
地　　址:合肥市翡翠路1118号　邮政编码:230071
营 销 部:(0551) 63533889
印　　制:合肥中德印刷培训中心印刷厂　(0551)63813778

开本:710×1010　1/16　印张:12.25　字数:200千字
版次:2014年3月第1版　2014年3月第1次印刷
定价:30.00元

（如发现印装质量问题,影响阅读,请与出版社联系调换）

目 录

起居概述篇

GAISHU

概述

　　起居，通俗地讲，即指人们的日常生活。而作为起居文化，并不是去描绘人们日常生活的一言一行，而是研究与人们日常起居生活相关联的文化内容。起居文化的内容，包括物质形式和精神形式两大部分。

　　"起居"一词，在中国古代还专指皇帝的言行举止，皇帝的言行录就称作"起居注"。

　　中国帝王起居注之制，大概出现在汉代之前，在西汉武帝时已经记有《禁中起居注》，东汉马皇后就撰有《明帝起居注》。到了魏晋以后，历朝编撰起居注便成了制度，魏晋和南北朝多以著作郎兼修起居注。北魏开始设置起居令史，另有修起居注、监起居注等官，侍从皇帝，掌记皇帝言行。隋代于内史省（中书省）设起居舍人。唐宋两朝又于门下省设起居郎，和起居舍人分掌其事。元代以给事中兼修起居注。明初曾专设起居注。清代以翰林、詹事等日讲官（被选入宫中讲论经史者）兼充，以"日讲起居注官"为官名。在历朝的起居注当

中，以唐宋两朝的记注最详，成为修史的重要根据。元明以下，制度虽存，而记载渐趋简单，资料价值远不如前。中国古代帝王的起居注，是帝王言行的历史笔录，主要目的和作用在于"戒人主不为非法"，并不是帝王坐卧等作息活动的全部记录，不是完整意义上的帝王起居生活的历史。

起居文化的内容，包括物质形式和精神形式两大部分。与人们日常生活相关联的物质内容，首推居室和起居用具。中国民间的居室造型丰富多彩，起码可以归纳为四大类，即帐篷类、窑洞类、干栏类和上栋下宇类，其中以上栋下宇类的居室造型为典型，被视为中国传统居室的代表。

花瓶

中国传统的居室，有着独特的建筑构思和艺术表现方式，它的门、窗、门匾、廊、柱、斗拱、脊饰、瓦当、马背、悬鱼、藻井、照壁，既是居室结构中的一个部分，具有建筑所需要的功能，又是一种观念意识和一种造型艺术的反映。

中国人的起居用具丰富多彩，各个民族和不同的地区，都流传着具有不同特色的起居用具，其中最能体现中国传统文化的，是汉族地区广泛使用的起居用具。汉族是中华大地上人口最多的一个民族，中国古文献中所记载的，绝大多数都是关于这个民族的文化和历史。因此，就能够尽兴地去追溯中国人起居用具产生、形成、演变的全过程。中国人起居用具中的床、席、枕、铜镜、桌、椅、凳、屏风、扇、烛台、灯、伞、轿等，几乎每一种都是世界文明的瑰宝，都有一段并不寻常的历史。

沿着人类起居的物质形式向起居的精神形式延伸，便涉及人类起居的信仰领域。中国人的起居信仰，不仅仅是一种无形的观念意识，还是一种有具体表现形式的文化，诸如门神、灶神、财神、福禄寿三星、玉皇大帝、菩萨、城隍爷、风伯、雨师、雷公、电母，等等，这众多的家神、地神、天神，都是一个个具体有形的灵物。中国人的起居信仰并没有就此了结，而是继续延展，于是就有了中国广袤大地上耸立起的一座座庙宇和碑阙。

中国人起居精神意识的集中所在，是寻求生活的真谛，祈祷生活的美满幸福，盼望生活的吉祥如意。于是，在中国人的起居文化中，又有了极富诗意的吉祥物和威武的镇邪物，人们以之为起居求吉辟邪。

可见，中国人的起居文化，不是人们简单的日常言行，或者单调的坐卧循环，或者笼统地概括为衣、食、住、行，而是一种既为物质的又融合了诸多思想意识的、立体式的、多侧面的人类起居文化。

中国人的起居，从席地而坐到依桌坐椅，从几案到床榻，从松明到灯盏，如此种种，人们通过不断地改进起居的观念与物质形式，以寻求生活的最佳方式。人类的创造，就是这样从发展阶梯的底层开始迈步，通过经验知识的缓慢积累，才从蒙昧社会上升到文明社会的。人类的创造，就是这样围绕着起居生活展开，而最终创造的成果又集中服务于人类的起居生

活。宇宙自然也似乎早已为人类的生活准备了一切,但这一切,人类必须凭借着智慧和劳动去发现、去获取。智慧的大小和付出劳动的多少,便相应地能从宇宙自然中获取多少。

在中国古代,几乎每一种文化都带有帝王的色彩。毫无例外,起居文化中的帝王色彩也十分浓厚。龙本来是一种虚构的民族图腾,而最后却成了至高无上的皇帝化身;颜色本来就无所谓等级,但黄色却被视作帝王专有;坟墓本来就是人死后的一种处理方式,但却有了王侯将相的种种等级。这种带有帝王色彩的文化,并非帝王的创造,创造帝王文化的仍然是人民,帝王只是在文化上体现他的权力和独尊。中国古代的百姓,不但拥立了一个又一个皇帝,还创造了一种笼罩于自己头上的帝王文化。

在中国的起居文化中,艺术首先是美化生活的一种艺术。文身、服饰、床椅、灯具、铜镜、屏风、影壁、厅堂的字画、居室的装饰以及墓道上的石刻,等等,无一不是一种独特的艺术表现形式,无一不是一件精湛的民族艺术品。

在中国传统的起居文化中,如同需要居室一样,神灵也是人们起居生活中的一种需要。因此,在中国人的起居生活中,不仅有一个"人世间",还有一个使人向往的"天堂"和一个阴森恐怖的"地狱"。从日常的生活经验中,中国的百姓明明知道是大地、阳光、雨露为食物之源,然而,仍对所谓的神明顶礼膜拜。但这种神明却是人们自己用纸或泥捏造的。人类真诚地创造了"天堂"与"地狱",说明人类除了需要理想的追求和鼓舞之外,还需要一种虚幻的抚慰和一种心灵的震撼。

中国的历史来自黄河,中国的起居文化也来自黄河,来自于这条从亘古奔流至今的大川。黄河的古老与厚重,孕育的起居文化也显得多么的深沉和持重。这种来自黄河的深沉而持重的起居文化,具有极强的渗染力,不仅渗染着离开本土的宝岛,还深深地渗染了整个东亚,成为地球东部文化的一个发源中心。

中国的起居文化,不仅仅是一种记录日常生活的文化,它还揭示了一个民族的心灵,表现了一个民族的艺术,渲染了一个民族的情愫。

古居装饰篇

ZHUANGSHI 装 饰

　　建筑居室是人类基本实践活动之一，也是人类文化的组成部分。在约五十万年前的旧石器时代初期，中国的原始人类就利用天然崖洞作为居住处所。

构 架

　　新石器时代，黄河中游的氏族部落，例如陕西西安半坡村仰韶氏族部落，就在利用黄土层为壁体的土穴上，用木架和草泥建造起简单的穴居和浅穴居，逐步发展为地面上的房屋。也就从此开始，木构架结构就成为中国古代建筑的主要结构方式。古代先民在进一步完善这种木构架的同时，又创造了与之相适应的各种房屋的平面形式和外观形式，形成了中国古典建筑的独特风格。

仰韶氏族房屋

　　处在新石器时代的仰韶氏族的房屋有两种形式：一种是方形；一种是圆形。

　　仰韶氏族的方形房屋多为浅穴，内转角一般做成弧形，门口有斜阶通至室内地面，阶道上部可能搭有简单的人字形顶盖。浅穴四周的壁体，紧密而整齐地排列着木柱，用编织和排扎的方法相结合，构

仰韶文化时期氏族房屋

成壁体,支撑屋顶的边缘部分。住房中部又以四柱作为构架的骨干,支持着屋顶。屋顶形状可能用四角攒尖顶,也很可能在攒尖顶上部,利用内部柱子,再建采光和出烟的二面坡屋顶。壁体和屋顶铺敷草泥土或草。

仰韶氏族的圆形房屋一般建在地面上,周围密排较细的木柱,柱与柱之间也用编织方法构成壁体。室内有二至六根较大的柱子。屋顶形状可能在圆锥形之上,结合内部柱子,再造一个两面坡式的小屋顶。

抬梁式木构架

从原始社会末期起,中国古代房屋木构架逐渐形成了抬梁、穿斗、井干三种不同的结构方式。

中国古代房屋的抬梁式木构架至迟在春秋时代已初步完备,后来经过不断提高,产生了一套完整的做法。抬梁式木构架是沿着房屋的进深方向在石础上立柱,柱上架梁,再在梁上重叠数层瓜柱和梁,最上层梁上立脊瓜柱,构成一组木构架。在平行的两组木构架之间,用横向的枋联络柱的上端,并在各层梁头和脊瓜柱上安置若干与构架成直角的檩。由两组木构架形成的空间就称为"间"。一座房屋通常由两三间乃至若干间,沿着面阔方向排列为长方形平面。

抬梁式木构架结构还可以建造三角、五角、六角、八角、正方、圆形、扇面、田字及其他特殊平面的建筑,以及多层的楼阁与塔。

抬梁式木架房屋

穿斗式木构架

中国古代房屋穿斗式木构架也是沿着房屋进深方向立柱,但柱的间距较密,柱直接承受檩的重量,不用架空的抬梁,而以数层"穿"贯通各柱,组成一组组的构架。穿斗式木构架的主要特点是用较小的柱与"穿"做成相当大的构架。

中国古代房屋的穿斗式构架至迟在汉朝已经相当成熟，成为南方各地建筑的主要构架，但也有在房屋两端的山面用穿斗式，而中央诸间用抬梁式的混合结构法。

井干式木构架

中国古代房屋井干式木构架是用天然圆木或方形、矩形、六角形断面的木料，层层累叠，构成房屋的壁体。据考古资料，商朝后期陵墓内已使用井干式木椁，以后的周朝、汉朝的陵墓也曾长期使用这种木椁，汉初宫苑中也建有井干楼。在现今的云南仍可看到井干式住宅。

据出土的汉代西南民族的随葬铜器，井干式结构的房屋，既可直接建于地上，也可像穿斗式构架一样，建于干栏式木架之上。

中国古代房屋除了抬梁、穿斗、井干三种基本结构形式外，在西藏、新疆等地还创造了密梁平顶结构房屋，在南方创造了房屋下部多用架空的干栏式结构。

概说

中国古代建筑的屋顶式样，在新石器时代后期就有了正脊长于正面屋檐的梯形屋顶。到了汉代，开始形成庑殿、歇山、悬山、囤顶、攒尖五种基本形式和重檐屋顶。在南北朝时期，增加了勾连搭屋顶。后来又陆续出现单坡、丁字脊、十字脊、盝顶、拱券顶、盔顶、圆顶等多种屋顶形式，以及由这些屋顶组合而成的各种复杂形式。

中国古代匠师在运用屋顶形式获取艺术效果上有丰富的经验。唐宋绘画中反映了很多优秀的屋顶组合形式。北京故宫和颐和园都以屋顶形式的主次分明、变化多样，来加强艺术感染力。南方民族的房屋建筑，由于平面布局往往不限于均衡对称，屋顶处理灵活自由，构成复杂而轻快的艺术形象。

庑殿顶

庑殿顶被认为是等级最高的屋顶形式，在宫殿庙宇中，只有最尊贵的建筑才使用庑殿顶。

庑殿顶是前后左右都有斜坡的屋顶。前后坡相交成正脊，左右两坡同前后坡相交成四垂脊。四坡五脊成庑殿顶的外形特征，所以李诚的《营造法式》中将这种屋顶形式称为"四阿"或"五脊殿"。有两层檐的称为"重檐庑殿"。

硬山顶

硬山顶是在房基础的台基之上两端，砌山墙一直到顶，把檩子砌到山墙里边封住，这样就形成四条垂脊两面坡的屋顶。

硬山顶的做法是筒板瓦坡到山墙处停止不外出，在瓦坡与山墙交接处以尺二见方或更大一些的方砖铺放成人字形带，叫作"方砖榑缝"。榑缝之上依与山墙垂直方向放勾头滴水，叫作"排山勾滴"。四条垂脊就压在排山勾滴的后尾。

硬山顶共有四条垂脊，每条垂脊的后部三分之二叫"垂脊"，前部三分之一叫"岔脊"。在脊檩上方前后瓦坡交接处则用大脊。两坡五脊是硬山顶的主要特征。

悬山顶

悬山顶，也称"挑山顶"。悬山顶的屋顶形式大体与硬山顶相同，也有正脊、四条垂脊和两面坡。不同之处是屋顶各檩（也称"桁"）伸到山墙之外，沿着两山檩头钉上榑风（也称"缝"）板，可以保护檩头，保护山墙。悬山顶的特点是人字瓦坡两端延伸到山墙以外五六椽至七八椽，

各部檩子一并挑出,檩头上钉槫缝板,将檩头封住。檩下加燕尾枋以帮助檩子承托上部荷重。悬山顶上仍是四条垂脊和一条大脊,槫缝板下常常用薄板雕成鱼形、如意头形等各种装饰。

歇山顶

歇山顶的屋顶式样是庑殿顶和悬山顶的组合。屋顶的上部,正脊两端的四条垂脊与悬山顶相似;屋顶的下部,四条戗脊与庑殿顶大体相同。四条垂脊、四条戗脊,加上正脊共九条,故而也称"九脊殿"。

歇山顶的瓦作有些复杂,尤其是山花部分。在山花板上方,槫缝板、排山勾滴和垂脊的结构顺序都和悬山顶一样。在山花板下部两山瓦坡的后尾,还要做一道槫脊,以便将雨水排出山花板之外。歇山顶也有单檐、重檐之分。

攒尖顶

攒尖顶的形式分为四角攒尖和圆形攒。四角攒尖屋顶分成相等的四面坡,四条垂脊上安宝顶(宝顶有琉璃和铜鎏金两种)。圆形攒尖的屋顶没有脊,屋面瓦垄自下而上,每垄筒板瓦逐渐缩小,称"竹节瓦",上安宝顶。

攒尖顶

盝顶

盝顶梁架结构多用四柱,上加枋子和抹角梁或扒梁,形成四角、六角、八角等形式的屋顶。顶部当中随屋顶形式做围脊开口,用以纳光。顶部开口处,用垂莲柱或用角梁将洞口处支撑着围脊。

屋顶等级

中国古代的建筑，既讲究造型艺术，又讲究等级区别。在清代，屋顶以重檐庑殿式为最高等级，依次而下为重檐歇山顶、单檐庑殿顶、单檐歇山顶、悬山顶、硬山顶、四角攒尖式屋顶、盝顶、卷棚顶。

北京故宫是明清两代的皇宫。在故宫这座古建筑群中，现存有房屋八千七百余间，大多是按照我国传统的三合院或四合院形式组成。各个庭院之间以及每一座院落内部房屋的组成，又是根据使用者所处的地位和建筑物的功能来确定其屋顶式样。

故宫中的太和殿、中和殿、保和殿等三大殿和内廷的乾清宫、交泰殿、坤宁宫等后三宫，这六座大殿是皇帝活动的中心，占据着紫禁城最重要的部位，因此大多是重檐庑殿和重檐歇山式屋顶。故宫中的东西六宫是后妃生活区，它的主体宫殿则是次一等的单檐庑殿或单檐歇山式屋顶。皇帝的内家庙奉先殿和乾隆做太上皇用的皇极殿，用的是重檐庑殿屋顶，而老太后用的宫殿一般用单檐歇山顶。

三大殿的正门——太和门是重檐歇山顶，进门立于三层汉白玉石雕凿的台基之上的太和殿，是皇帝的"大朝正殿"，俗称"金銮殿"，使用了最尊贵的重檐庑殿顶。太和殿的东厢房为体仁阁，西厢房为弘义阁，左右对称，同是单檐庑殿顶。两阁之南还有东西相映的单檐歇山顶的庑房。在这一正两厢之间，缀以单檐歇山的门庑，形成以太和殿为主体的广大庭院。其后以保和殿为主体的第二进院，两庑是连檐漫长的通脊硬山顶。三大殿的四周或以墙垣，或以门庑，或以楼阁加以联结，四隅有重檐歇山顶方形的崇楼，形成封闭式的空间。

太和殿是重檐庑殿顶，保和殿是重檐歇山顶，两殿之间布置一个较为矮小的四角攒尖式屋顶的中和殿。这三大殿四周房屋有单檐庑殿顶、单檐歇山顶、硬山顶等数种，这种屋顶的变化，不仅起到区别主次的作用，而且体现了统一和多变的艺术手法，使整个宫殿建筑在严谨之中又有一定的变化。

脊饰

中国古代建筑的屋顶，一般用板瓦、筒瓦覆盖，用瓦条、砖或脊筒子垒砌屋脊，按其位置分别称为正脊、垂脊、戗脊、岔脊等。屋脊是屋顶上最容易漏雨的地方，在结构上加以覆盖是完全必要的。古代匠师在解决功能的同时，更注意了它的艺术处理，由简单的式样逐渐发展成形式多样的各种脊饰。

鸱尾

在西周已经有了瓦，春秋时期有了板瓦和筒瓦，战国时期已出现了脊饰构件。河南辉县固卫村战国墓内铜鉴上所刻的房屋，在正脊的一端和正中都刻出一个三叉形的构件，中间似花蕾，两侧似花叶。

秦汉时期，尤其是东汉时期的石屋、石阙、陶楼、陶屋、画像石中所表现的脊饰，式样已经相当丰富。大多数建筑物的正脊两端都有装饰构件，最简单的是两端翘起，如牧城驿出土的陶屋脊端用三块勾头瓦相垒，嵩山太室石阙顶上多至六瓦相垒；复杂一点的，如武梁祠画像石中出现的单卷瓣、双卷瓣的式样，上面还刻着简单的纹饰，有的在正脊两端各装一只凤鸟，有的放置一个桃核形的构件。

正脊两端的构件,后代一般称为鸱尾,在已知的汉代资料中尚无鸱尾的形象与名称。后汉赵晔所撰《吴越春秋》上卷第四,谈到吴王阖闾令伍子胥筑城的故事时,写道:"越在巳地,其位蛇也,故南大门上有木蛇,北向示越属于吴也。"《唐会要》中所记:"汉柏梁殿灾后,越巫言海中有鱼虬尾似鸱,激浪即降雨,遂作其象于屋上以厌火祥。"根据已知资料和《吴越春秋》所记,鸱尾起源于汉代的说法尚值得怀疑。

北魏时期云冈石窟九窟所雕鸱尾,敦煌二百五十七窟和吉林集安三室墓等处北魏时期壁画中所绘鸱尾,已非常清晰。龙门石窟古阳洞内,在刻有正始四年(507 年)题记旁边的建筑雕刻中的鸱尾,与云冈十窟、麦积山石窟等处同属一个类型。虬尾上指,背后无鳍,身内无雕饰,应是鸱尾中比较原始的、早期的形象。

麦积山石窟一百四十窟右壁北魏壁画中绘一座歇山式屋顶的大殿,正脊用瓦条垒砌,两端鸱尾由正脊的瓦条联垒而成,整体卷如鱼尾,外缘逐层上收,瓦条相错做成鳍形,姿态简朴大方。

在敦煌壁画和龙门石窟中,还有些特殊的式样:

南北朝时期,鸱尾的使用除宫殿外,只有"三公黄阁听事置鸱尾",一般官僚非经特许不得僭用。

隋代大业四年(608 年)李小孩石棺,整体做三间歇山顶建筑,鸱尾前端上皮与脊齐平,身内刻二线道,两侧外缘刻鳍,背微凹,高宽比例为十比八点三,厚与宽相等,上部稍薄,整体比例肥壮。

河南省博物馆藏隋代陶屋,正脊两端置鸱尾,虬尾上指,内缘圜和外缘施鳍两道,背凹进,中部靠下有一小圆孔,身内粗面无雕饰,整体造型上薄下厚,简练稳重。

唐代早期的几处资料，如敦煌二百二十窟壁画、大雁塔门楣线刻、唐韦洞墓壁画等所刻画的鸱尾同属一种类型，尾上指前弯，外缘有鳍直达尾尖，身内刻一至二线道和二至四枚"宝珠"，高宽比例皆在十比六左右，与隋代诸例相比，外缘略直，比例瘦高。

唐懿德太子墓（706年）壁画中阙楼的鸱尾，两道鳍不达尾尖，身内无雕饰，与前诸例稍异。

山西晋城古青莲寺内唐碑所刻楼阁图（825年），图中山门的鸱尾与大雁塔门楣线刻相近，唯不用宝珠；四川大足北山晚唐摩崖雕刻的鸱尾，顶上突出的构件应是宋代所称"抢铁"的最早例证。

鸱吻

鸱尾的形状，一般认为在中唐时期，最迟到晚唐已开始发生较大的变化。四川乐山凌云寺中唐时期摩崖中所刻外形轮廓与鸱尾一致，但前端改为兽首，张口吞脊，已经由"尾"变为"吻"。此种式样习惯上称为"鸱吻"。

五台山佛光寺东大殿的琉璃鸱吻，可能是元代仿晚唐式样补配的，整体轮廓、鳍、宝珠仍保持唐代形象，唯其身内附加一条小龙显示其为后配式样。

四川成都市郊所发现的后蜀（934年）孟知祥夫妇墓，石造墓门的屋顶上雕刻着一对鸱吻，下部兽首衔脊，上部在尾尖部分刻一个完整的凤鸟头部，造型新颖，刻工精细，是不多见的佳作。宋代泰宁甘露寺的鸱吻也与之相类似。

宋代初期的实物中，绝大部分都是鸱吻的形象。敦煌石窟四百三十一窟窟檐屋顶上，倚崖塑造出鸱吻。窟檐建于宋太平兴国五年（980年），鸱吻为同时塑造，它的造型下为兽首，上为鱼头形，与孟知祥夫妇墓中所见有异曲同工之妙。

河北蓟县独乐寺山门建于辽统和二年（984年），它的一对绿色琉璃鸱吻，张口衔脊，怒目前视，外缘突起两道鳍，背凹进，安一枚背兽，身内刻鳞并饰以"火焰宝珠"一枚，高宽比例为十比八，与隋唐时期相近。此后，背兽已成为鸱吻中不可缺少的附属构件之一。大同华严寺内辽重熙七年（1038年）所造的壁藏（大型的木制藏经橱），它的木刻鸱吻，尾端似鱼尾分叉，身内刻鳞，安背兽，比例瘦高，高宽比例约为十比五。

宋元符三年（1100年）李明仲编著的《营造法式》卷十三《瓦作制度》中，有"用鸱尾"条，对鸱吻的规制论述颇详，唯缺乏图样。宋徽宗赵佶所绘

《瑞鹤图》中端门屋顶,对脊饰有细致的描绘,鳍上安"抢铁",与《营造法式》所述一致,比例瘦高与辽代壁藏相近。

龙吻

鸱吻的发展形式是龙吻。大同华严寺薄伽教藏殿和大殿的琉璃鸱吻,一般认为系金代遗物,与辽代不同的是在唇后添了一只前爪。从总体看与辽代诸例区别不大,但增加前爪以后,使鸱吻的形象接近"龙"形。

在山西朔县崇福寺弥陀殿屋顶上出现了龙形鸱吻,依《营造法式》应称为"龙吻",或称为"螭吻"。弥陀殿建于金皇统三年(1143年),龙吻是同时期的遗物。外轮廓与鸱吻一样,身内完全为一条蟠曲上弯的龙所占据,唇后出前爪,尾部出后爪抓住尾尖,留出一个空洞,打破了前期浑然整体的传统式样。高宽比约为十比八,与隋唐诸例相近。龙吻是鸱尾在演变中又一新型的创造,对以后脊饰的发展有很大的影响。

元代永乐宫三清殿的龙吻(1262年)与弥陀殿的造型相似,唯琉璃色彩更加艳丽,体形稍显高。

龙吻在金、元时期的建筑或绘画的应用尚未普遍,但实例中已明显地出现了尾部向后卷的式样,如永乐宫重阳殿(1262年)和曲阳北岳庙德宁殿(1270年)的龙吻。

明代宫殿庙宇中所见龙吻,尾部多向后卷,背上安"箭把"、"背兽"已成为习见的附属构件,有些庙宇的建筑中还添加铁制"拒鹊",如晋祠圣母殿龙吻。清代龙吻式样与明代基本相似。清工部工程做法称鸱吻、龙吻为"正吻"或"大吻",规定高宽比例为十比七点五,避免了前代过肥过瘦的形象。明清时期在许多地方建筑中,出现了各种雕饰华丽的正吻,造型虽然千变万化,但大多数仍属于龙形。

鸱尾的出现从晋代开始,至今已有一千六七百年的历史。南北朝时期已发现鸱尾的完善式样,隋

唐时期已比较普遍应用鸱尾。中唐至晚唐，已经创造出鸱吻的式样，到了五代宋初已普遍应用。北宋末有了龙吻的名称，金代发明了优美的龙吻式样，明初已完全改为龙吻。清代许多地方建筑中的龙吻式样非常华丽，更加成为古代匠师在脊饰艺术创作中的重点构件。

鱼吻

在脊饰中，与鸱尾同时的还有一种鱼形吻。在四川乐山龙泓寺，一幅中唐时期的摩崖雕刻中的鱼吻，是已知最早的鱼形吻。

宋黄朝英著《靖康湘素杂记》引《倦游杂录》："自唐以来，寺观殿宇，尚有为飞鱼形，尾上指者，不知何时易名鸱吻，状亦不类鱼尾。"说明飞鱼形的鸱吻也是古代比较流行的一种式样。明清时期，鱼吻在许多地方建筑中已成为习见的式样。

除了以上诸种脊吻形式外，在宋画《高阁焚香图》中还看到一种别具一格的形式，与鸱吻、龙吻、鱼吻都不相同。

兽头

在宋画中，许多建筑的正脊两端不用鸱吻而用"兽头"。兽头造型与垂兽相似，首向外，尾向内，兽角突起。明清城门楼上仍保留有兽头装饰。

金凤

我国的传统建筑，除了对正脊两端进行装饰外，还注重对正脊中央的装饰。古建筑正脊正中的脊饰，最早可见于战国，如前述战国铜鉴所示。

发展到汉代,不仅已出现了简单的装饰构件,如牧城驿汉代陶屋,还出现了鸟的造型,如四川汉代的高颐阙顶的正脊正中雕一鹰口衔绶带。

在汉代的建筑中,还可看到在屋顶上置"金凤",东汉画像石中的函谷关就如此。

在东晋墓的壁画中,也可见到屋顶中央置鸟的装饰。

《三辅皇图》记载的铸铜凤,高五丈,饰黄金,栖屋上,下有转枢,向风若翔。这里记载的金凤是一种观测风向的科学仪器,不属于脊饰,但它安放的位置,优美的形象,对后来的脊饰产生了影响。

火珠

火珠也是正脊中央的一种脊饰。据研究,我国古代建筑最迟到隋代已开始出现火珠的脊饰。在唐代的建筑中已普遍可见。

宋《营造法式》规定在宗教建筑的正脊正中用的"火珠",分为两焰、四焰、八焰等不同式样。这样的规定对后世的影响很大,在民居中火珠便演化成了太阳形。据说,这是借太阳光辉来驱除邪鬼的一种法器。

明清时期的宗教建筑,大多数在正脊中央施雕繁复的琉璃龛、宝瓶、琉璃楼阁,有的还夹杂一些神仙故事。在现今的民居中,还可看到这一类的火珠脊饰,如"二龙抢珠"、"双龙朝三星",等等。屋顶正脊上,两龙相向,昂首摆尾,称之为"二龙抢珠",象征辟邪与祈福之意。

垂兽和戗兽

屋顶垂脊的脊饰是在尽端安垂兽。现今可见的最早垂兽，是渤海上京龙泉府出土的垂兽，整体很薄，仅雕出面部，类似一个兽头的面具。大同华严寺大殿建于金天眷三年（1140 年），它的垂兽为二首相联，一首向前，昂头怒目，一首向后，张口吐舌，是一种不多见的式样。屋顶戗脊的尽端安戗兽，戗兽的式样与垂兽相同。在五代后蜀四川孟知祥夫妇墓门所见的石刻戗兽，已是一个完整的兽头。宋《瑞鹤图》中的戗兽，形体较薄，

画出的面部与渤海上京出土的垂兽相似。金代崇福寺弥陀殿、元代永乐宫重阳殿等处垂兽与戗兽都与宋画相似。明清时期建筑的垂兽和戗兽，大多数都雕出一个完整的兽头，须向后卷，束起如火焰状，首下刻出部分鳞身。

蹲兽

戗脊一般分为前后两段，前段俗称岔脊。岔脊的脊饰为蹲兽，又俗称跑兽。在岔脊上安蹲兽，唐代尚无例证，宋、辽实物中保存有三四件，但大多系后代补配的。在宋《营造法式》中不仅有安置蹲兽的规定，而且每一组多达八件。宋《清明上河图》中所绘几十座建筑中很少施蹲兽的，说明当时应用范围尚不普遍。一般估计宋《营造法式》颁布之前，蹲兽早已出现，至迟应在晚唐、五代、宋初时期。明清时期全部改为蹲兽。

清初雍正十二年（1734 年）颁布的《工部工程做法则例》，规定每个屋角用蹲兽可多达九个，而清太和殿则为十个，是古建筑中使用走兽最多的，也是中国宫殿建筑史上独一无二的，显示了至高无上的威仪。

在屋脊上选择安放这些蹲兽和仙人，完全出于求吉和表现封建帝王的独尊。龙是传说中一种能兴云作雨的神异动物，在中国封建社会被视为皇帝的象征。凤，古代传说中的鸟中之王，也用来比喻有圣德之人。狮子，百

兽之王。狎鱼是海中异兽，据说是兴云作雨、灭火防灾的"能手"。獬豸也是传说中的猛兽，能辨曲直，被看作勇猛与公正的象征。斗牛，古代传说中一种虬龙，也是一种除祸灭灾的吉祥动物。

关于骑凤仙人，则有一个传说。在战国时期，齐国的国君齐湣王在一次大战中败退下来，后边追兵紧逼，前面又遇波涛翻滚的大江阻路。正在齐湣王危急之中，忽见一只大鸟飞落面前，湣王匆匆骑上大鸟，渡过大江，逢凶化吉。骑凤仙人排置垂脊端第一位，也表示前面已无路可走，只能骑凤飞行。

总之，把这些动物兽像置于殿脊之上，用以象征封建帝王的圣德与尊贵地位，象征主持公道与剪除邪恶，象征消灾灭祸与逢凶化吉。

瓦当是中国古代建筑屋檐前面筒瓦的瓦头，是保护檐椽不受风雨侵蚀的屏障。瓦当面上往往有丰富多彩的花纹、文字，这些花纹、文字随着时代的迁移而变化。因此，瓦当不但是古代城市年代的指示物，而且也是研究古代图案艺术和文字变迁的极好资料。

春秋战国瓦当

瓦是重要的屋面防水材料，它的使用始于西周早期。1976年，在陕西岐山县凤雏村发现了一组大型建筑遗址，遗址中有很多类型的板瓦、筒瓦和半瓦当。在《金石索》中收录了周丰都宫瓦当拓片，这是目前所见文献记载中最早的中国古代瓦当纹饰。

春秋末期和战国时期，瓦的使用增多。在列国城市遗址中都遗存着很多瓦件，其中有许多带图案的瓦当。各国瓦当的图案不同，反映出各国独特的文化艺术风格。如秦国流行各种动物图案的圆瓦当，有奔鹿、立马、四兽、三鹤等；赵国为三鹿纹与变形云纹圆瓦当；燕国主要有饕餮、双龙、双鸟和云山纹等半瓦当；齐国有素面、花纹、文字等圆形和半圆形瓦当。

燕国半瓦当是燕文化遗存之一，在古代建筑史上有它光辉的一页，它不仅仅是战国时期瓦当的新创造，而且影响到邻邦的齐、赵等国。

以燕下都为例，燕国的半瓦当可分为六类。第一类为饕餮纹半瓦当，有起线双兽纹饕餮半瓦当、双兽饕餮纹半瓦当、三角纹地双兽饕餮纹半瓦当、山形饕餮纹半瓦当、勾云饕餮纹半瓦当、云螭饕餮纹半瓦当、云蝶饕餮纹半瓦当等。第二类为双兽纹半瓦当，有双龙纹半瓦当、双鹿纹半瓦当、双兽双螭半瓦当、鹿山纹半瓦当等。

第三类为独兽纹半瓦当。此类瓦当在燕下都只见一件残品，花纹是一长颈兽，曲颈垂首。燕下都兽纹瓦当大都成对，只一独兽，实属少见。第四类为双鸟纹半瓦当，有双鸟纹半瓦当、双鸟勾云纹半瓦当等。

第五类为窗棂纹半瓦当。第六类为云山纹半瓦当，有云山纹半瓦当、云山珠纹半瓦当、云山三角纹半瓦当等。

齐国故都的瓦当，从外形看，可分为圆形和半圆形两种。而从瓦当表面的纹饰看，又可分为素面瓦当、花纹瓦当和文字瓦当三种。齐国花纹瓦当的纹样很丰富。半瓦当上的花纹有树木双兽纹、树木单兽纹、树木双兽卷云纹、树木双骑纹、树木双骑箭头纹、树木双兽箭头纹、树木双骑卷云纹、树木卷云乳钉纹、树木箭头乳钉纹等各式各样以树木纹为主的花纹。此外，还有乳钉卷云纹、乳钉S形纹、太阳乳钉纹等不带树木纹的半瓦当。圆瓦当上的花纹略少些，常见有卷云乳钉纹、云草乳钉三叶瓣纹、马纹、树木

双骑箭头乳钉纹、圆网三角卷云纹、卷云内向连弧纹等。齐国树木纹瓦当大多属于中轴对称型的，即以树木为中轴，两边对称排列兽、骑者、乳钉、卷云、箭头等花纹。

齐故都瓦当上的文字，往往是一些吉祥用语。半瓦当上的文字有"大斋"、"万岁"、"延年"、"富贵"、"千万"、"未央"、"汉道光明"、"亿年长富"等，意思是上天的赐与。齐国之所以叫"齐"，就是因临淄南郊山下有天齐渊，五泉并出。圆瓦当上的文字，常见的是"千秋万岁"、"万岁万岁"、"万岁未央"、"万岁无极"、"长乐富贵"、"大吉宜官"、"君宜侯王"等吉祥用语。

齐故都瓦当有自己鲜明的特色。首先，半圆和全圆两种瓦当共同流行了一个相当长的时期，这在其他诸侯国都是难以见到的。其次，从纹饰上看，树木纹是各地不见或罕见的。齐故都和燕下都均有双兽纹，然而，齐故都的双兽纹多和树木纹搭配，双兽多是现实生活中的马、驴、骡、鹿、虎等动物，而燕下都的双兽纹却是想象中的怪兽。齐故都瓦当双兽上还有人骑坐，富于现实生活气息，而燕下都的双兽，却给人以恐怖和神秘的感觉。

秦瓦当

秦瓦当的题材相当广泛。战国初期，以鹿、獾、羊、鸟、狗等鸟兽纹样为主。在秦的兽纹瓦当中，还发现有极为罕见的"奔兽逐雁"瓦当和"猎人斗兽"瓦当。到了战国的中晚期，秦瓦当出现了前所少有的鱼、龟、蝉、蝴蝶等纹样。秦国的植物纹样有花瓣纹、菊花纹、葵纹，或变形的植物纹，也有一部分动物与植物相结合的纹样。战国中晚期，秦国以云纹为主题

的瓦当也大量出现，而且种类繁多，如有单线卷云纹、双线卷云纹、连云纹等。秦国云纹瓦当在发展中，纹样渐趋于图案化，即在瓦当面中心内圆里，

用单线或双线做界格,并在内圆里饰以各种绳纹、方格纹、卷云纹、斜格纹、花蒂纹、曲尺纹、树纹。在当时,秦国还流行一种以S线为主题,围绕一个中心回旋不息的轮纹瓦当。秦统一后的瓦当图案,继续承袭战国晚期的题材,除了以植物为题材的各种变化葵纹瓦当外,主要是以各种变化云纹为主题。变形夔纹瓦当在阿房宫遗址和秦始皇陵发现过,有大有小但数量不多。

秦统一后,以文字作为装饰的瓦当开始出现,有"维天降灵"、"延元万年"、"天下康宁"等吉祥用语瓦当和"蕲年宫当"、"兰沱宫当"、鸿台等宫殿建筑瓦当。秦瓦当,就图案的题材内容而言,从初期的动物题材逐步扩大为植物、云纹、文字,所以,秦是我国瓦当图案发展史上,题材最广泛、内容最丰富的一个时期。

汉瓦当

两汉时期是瓦当发展的兴盛阶段。瓦当在战国开始从半圆形向整圆形演化,至东汉时全部为圆形。汉代瓦当图案很丰富,并有很多文字瓦当。西汉的文字瓦当大概可以分为两类:一是吉语瓦当,如常见有"千秋万岁"、"乐未央"、"长生无极"、"长生未央"等;二是宫殿、官署和坟冢的名称瓦当。

汉代的宫殿和官署,包括边关要塞驻所的门楼建筑,都烧制有专用的瓦当。汉坟冢的文字瓦当也可分为求吉和墓主姓名两种。

由于谶纬神学的盛行,从西汉末到东汉初,还出现了以青龙、白虎、朱雀、玄武等四神(或称四灵)作为纹饰的瓦当,以镇守四方,驱除邪恶。一般东门用青龙瓦当,西门用白虎瓦当,南门用朱雀瓦当,北门用玄武瓦当。

隋唐宋瓦当

中国瓦当的发展,在南北朝以后由于受佛教艺术的影响,有了寺庙瓦当和采用莲花纹饰的瓦当。在唐长安城遗址,发现的莲花纹瓦当种类多达七十三种。明清两代,瓦当的使用更为普遍,突出的特点是使用琉璃瓦当,而且釉彩日臻精美。明清两代还严格规定了琉璃瓦当的釉色等级,黄色仅限于皇宫、陵寝、庙宇使用，王宫府第以绿色为贵，民间建筑仍是使用灰陶瓦当。

马背

在中国闽南一带，以及台湾北部地区的房屋建筑中，有将屋顶的中间耸起而呈圆角，形状似马的背部，民间俗称"马背"。马背为闽南系建筑所独有。马背的建筑没有章服典制的限制，一般的民宅均可用。

单一马背

依照马背形态的差异，可分为单一马背和相连马背两种。单一马背，系指单独一个垂脊的马背。单一马背又可分为两种不同的形式，第一种是圆角马背，其曲脊作圆角状，而垂脊则缓慢下斜，向两面伸展而出，是马背中最常见，也是最古老的形态。第二种是豪华马背。此种马背往往经过一番刻意的装饰而造成变形的现象。其曲脊或起或伏，或造成星状。因此，豪华马背又可细分为起伏马背与星形马背两种。起伏马背是指曲脊作多次圆形弯角，以中央为最高。星形马背的曲脊作三次向外的弯角，而成星星的光芒一般，向外放射。这两种马背都是富裕人家所喜好采用的形式，在豪华中仍不失雄壮的气势。

相连马背

相连马背是指两个马背垂脊相连，形成整片山墙以及马背如波如浪的起伏之状，相当壮观。此种别致而特殊的马背构造，一则方便过长的屋顶，再则强调了外观的力与美。

马背在匠人的精心发挥下,融合了中国式屋顶的气概与古典美。

中国民间房屋墙体的建筑,除闽南的马背造型外,还有一颗印墙、拉弓墙、牌坊行墙等多种形式。

悬 鱼

悬鱼是我国民间房屋山墙上的一种墙饰。悬鱼的形式为两条鱼悬空,串连在一起,并饰以云纹。据佛经上说,悬鱼坚固活泼,可解脱坏劫。俗话说"悬鱼排青瓷,行马护朱栏",即是取此意。悬鱼通常以剪贴方式做成半浮雕状,鱼似鲤鱼,鱼口张开成洞口,可以作为房屋高处的通风设备。

磬形瑞云悬鱼

有些民居以磬形代替悬鱼,一般仍以悬鱼相称。这种悬鱼形式以三个绿釉的菱形窗格,排成磬形。磬音与庆同,取其吉庆之意。磬形常伴以瑞云,瑞云将磬形包住,好像在腾云驾雾一般。在磬形之下,还有象征垂须的吊饰。

狮头悬鱼

悬鱼的形式,由于筑屋者的巧思设计,衍生出了许多种类,如狮头、花篮、彩带、还魂扇、双龙、葫芦、瑞云、书卷,甚至人物楼台等,其寓意除了美观外,仍离不开辟邪、镇宅、吉庆等民间俗念。

古建筑上的磬形瑞云悬鱼

我国民间房屋建筑上的悬鱼没有固定的造型,几乎一幢建筑就有一种悬鱼,其种类不知几千,非常有趣。如在陕西和四川两省,就可看到鱼形、蝴蝶形、蝙蝠形、花卉形等四大类悬鱼。

墙 饰

我国民间的房屋建筑，为追求房屋的艺术美，还有将书画装饰在墙体上。通常的做法，直接以石灰为底作画，绘以花鸟、人物和吉祥的走兽等，或者施以文字、诗词、对联等。也有以石灰或黏土为材料，将图画做成半浮雕式，再加以彩绘。也有运用剪贴的技法，以陶瓷片或玻璃片为原料，拼贴成画。这些墙饰都是民间喜爱的各式图画，表现了民间追求吉祥的信念。

藻 井

清代藻井

藻井，古代建筑屋顶的一种装饰。每当我们走进古代的宫殿或者古寺院的殿堂，常常能够在宝座或庙宇正殿的佛像上方，看到一种特殊的装饰。这种装饰位于天花板的中央，造型上呈四角形、八角形、圆形或椭圆形等多种的凹面，而且常有各种各样的花纹、彩画，或者许多小型的木雕饰物，并由层层的小拱斗向中心汇叠。这种精致复杂的屋顶装饰，就是藻井。

由来

藻井，又称"绮井"。在我国，藻井最迟在汉代就已经在宫殿上出现了。除了作为一种装饰之外，还含有避火消灾的意思。东汉应劭的《风俗通》说："今殿作天井。井者，东井（星宿名）之像也；藻，水中之物，取以压火灾也。"

在我国古代,人们非常注意装饰在建筑物上的彩画,它既防护了建筑物不被侵蚀,又加强了整体建筑的美感,同时还融入了历代建筑者的不同希冀。因此,历代殿堂的藻井,无论是在建筑形式上,还是在绘制的方法上,都不尽相同。

汉代藻井

现今对汉代起居生活的了解,大多通过考古的发掘资料。在四川乐山崖墓上,我们认识了汉代的覆斗形藻井形式,在沂南汉古画像石墓中认识了斗四藻井形式,这些都属于中国传统藻井的早期形式。

清代藻井

汉代的藻井已经施以彩绘,有人物纹、几何纹、植物纹、动物纹等多种图案,构图相当秀丽,线条也趋于流畅,达到了建筑结构与装饰的有机结合。

汉代藻井

南北朝藻井

在南北朝时期,由于佛教的传入和推广,汉代藻井中那些忠臣、孝子、东王公、西王母,以及四神、四灵配合云气为内容的图案,渐次减少,而佛教中普遍用做标号的莲花、飞天和各种各样的几何图形则被广泛地采用。如现存北魏时期云冈石窟中的藻井的彩绘,就以莲花、飞天之类的装饰为多。

隋唐藻井

到了唐宋时期,随着绘画技巧、建筑水平的提高,藻井的图画也发生了很大的变化。就彩画的绘制程序而言,据北宋《营造法式》一书记载,大体上要分"衬地"、"衬色"、"细色"、"贴金"四个步骤,也就是说,先要涂上底色,然后画上花纹的大块颜色,再其次是勾画细部,最后再点缀以泥金或金箔。正因为当时采用了这样一个步骤,所以隋唐时期殿堂藻井的彩画或雕刻上的颜色,大多是多层次的,富丽而和谐。

宋辽金藻井

宋辽金时期是我国传统建筑藻井装饰发展的一个重要阶段,藻井的数量大量增加,而且形式多种多样,有圆形藻井、八角形藻井、菱形覆斗藻井等式样。

这一时期的藻井,从构图和色彩而言,以山西应县净土寺大雄宝殿的藻井最为华丽,藻井模仿木构建筑形式而雕刻华美细致,在梁枋底部和天花板上画有飞天、卷草、凤凰等图案。同一时期的山西侯马董氏砖墓顶的八角藻井,也极尽华丽的装饰。

这一时期具有特殊意义的藻井是河北宣化辽墓墓顶的星象图藻井,既反映了我国古代天文学的成就,又说明古代藻井图案的丰富内容。

宋辽金藻井

清藻井

在清代,藻井的彩画有了较大的变化,规模上,它远不如北魏时期那样宏大,一般面积不超过零点五平方米。布局上也不如唐宋的分层描绘繁复的几何纹、飞天、珍禽异兽和花卉,而只画团龙、白鹤、双夔龙、寿字、梵文字等单层图案。这些藻井的固定名称为"沥粉金琢墨升降龙"、"团龙"、"双夔龙"、"三清花"、"合云环寿"、"烟琢墨团鹤",等等,这些彩画多不加底纹及其他花饰。有的由四个单独藻井合并为一组,每一组分界的井口处,绘燕尾车轮,以之起联结作用。用色多深绿、靛青、朱红、橘黄及金粉几种。极个别的也采用"退晕画法",即描绘花纹时采用由深渐浅的绘画方法,以衬托出浮雕式的主花。

在北京故宫大殿上有个与众不同、"穹然高起,如伞如盖"的藻井,藻井中央是一条巨大的"雕龙蟠龙",龙的嘴里衔着一个铜胎中空、外涂水银的圆球。此球就是人们常说的"轩辕镜",传说是远古时代的轩辕黄帝制造的。古代皇宫之上

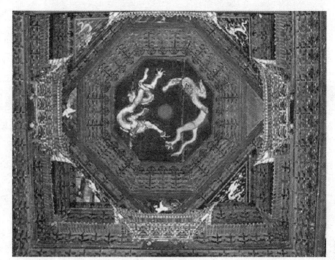

清代藻井

的藻井把悬球与蟠龙联系在一起,构成"游龙戏珠"的美妙形式,高挂在帝王御座的上方,是帝王们用来表明自己是轩辕氏的后裔子孙,是黄帝的正统继承人。当然,这一用心,在今天看来是十分荒唐可笑的。但这精细的藻井与地面上的宝座上下呼应,互相衬托,极成功地创造了一种特定的至高无上的气氛,给人一种雍容华贵、威严雄伟的感觉。

门的意义

在中国古代住宅建筑中,门的名称很有讲究。一般地说,双扇称"门",单扇叫"户"。《说文》:"门,闻也,从二户,象形。"在古代,门与户的名称还根据所处的位置而定。《六书精蕴》说:"凡室之口曰户,堂之口曰门。内曰户,外曰门。"室户开在室之东,东房之户偏西,西房之户偏东。这是春秋时

代贵族住宅门的大略布局。

在一幢住宅建筑中,门首当其冲,给人以第一印象。仕贵家庭的门,豪华壮丽;一般民宅的门,亲切迎人;官府的衙门,门禁森严;宫庙的大门,肃穆堂皇。门或平实自成天趣,或英姿焕发,或高贵而含书卷气,或朴拙有力,每一扇门都圈画出一个不同的世界,展现出不同的韵味。

门的类型

一般住宅大门的位置均设在正中轴线上,也有为了迁就风水或地形,而改在靠右侧或左侧边上。我国传统民居的大门,多由两扇木门组成,在两扇门的上半部,各装有铜制的门铖一对。出门时,穿上木棍或竹棍,防止被风吹开。进门后,则在门背上穿上厚实的木闩。

门扇的上下里端,各留有圆状凸出的木榫,套在门楣与门槛后边的凹形器里,以便自由转动。这凹形的容器,可分上下两部,上部将木锯出圆洞以便套上木榫,下部则用砖土或石制成臼齿状,稳固地埋在地里。

 中华文化撷萃丛书

衡门

在中国古代住宅建筑中,早期的院门称为"衡门"。古代乡间普通住宅的衡门十分简单,即是在两根直立的木柱子上,加一横木组成。所以古代将简陋的房屋称为"衡门茅屋"。晋代陶渊明有诗写道:"寝迹衡门下,邈与世相绝。"描述了自己隐居乡间陋室与世隔绝的情景。为了给这种简单的衡门挡雨雪和防腐蚀,后来的衡门便在横木上加一木板顶,再发展就是在门顶出檐的下面用上斗拱构件。这种简单的院门形式在如今的农村中仍能见到。

住宅墙门

为了防护住宅，一些较为讲究的人家还在正厅大门前加设一道护墙，在护墙上开一个出入外界的门，俗称"墙门"。

墙门的顶部多做成类似宅第中脊的形状。富裕人家的墙门，常见做得很大，而且还有花鸟人物图案装饰。

住宅墙门

一般民宅的墙门多显得朴素简单。

乌头门

在公元十二世纪宋朝廷颁行的《营造法式》中，记载着一种乌头门的形式，两根木柱左右立在地上，上有横木，横木下安门扇。两根立柱直冲上天，横木旁入柱内。柱头用乌头装饰，故名"乌头门"。

版门

在汉代，民间住宅的两扇大门多用整块木板做成，故有"版门"之称。在汉代的画像砖和墓葬中，都可以看到汉代版门的样式。有的汉墓版门上还刻有夸张的铺首装饰。后世的棋盘门、乳钉门都是版门的发展形式。

棋盘门

棋盘门是用边挺大框做框架，然后装板，上下抹头之间用穿带三或四根，分成格状，看起来像棋盘，故称"棋盘门"。棋盘门中较讲究的一种，是将门的外面做得光平无缝，不起任何线脚。

实榻门（乳钉门）

实榻门常常用在王府、宫殿一个建筑群的入口，一般是在中柱之间安装。实榻门槛框、边抹、穿带等做法都和棋盘门相仿，不同之处是门心板与大边同厚，自六点六厘米至十厘米不等。由于实榻门在明间中柱之间安装，实榻大门一般只用两扇，其总宽大小与中柱面宽，所以一般布置要单立两根门框，而门框与抱框之间的空当，就用叫做"腰枋"的横木分做两段或三段，并以薄板填实，这薄板叫"余塞板"。中槛以上很高的空当也填上薄板，叫"走马板"。有的实榻门取消走马板，两扇大门直接大门框。

清代大宅院实榻门

大门槛近门扇两端处内侧，在门扇转轴之下有托轴的门枕，在转轴上方套在连楹上，中销接牢固。门簪轮廓常为六角形，并做出各种雕饰。

实榻大门门扇本身外侧还要使用门钉、铪钑兽面等铜制品，故又称"乳钉门"。门钉原来的作用是为使穿带对门心板的连接作用更为牢固，后来就逐渐成为门上的一种装饰，附以等级差别的装饰。清代工部《工程做法则例》有九路、七路、五路门钉的规定。九路为八十一颗，按纵横各九颗排列，门钉用镏金制成，为皇宫专用。一至三品官宅门的钉数为四十九颗，按纵横七颗排列；四至五品官宅门的钉数为二十五颗，按纵横各五颗排列；六至九品官的宅门不准用门钉。

明代规定，皇宫建筑的版门用红门金钉，以下皇族官吏按级别大小依次用红门金钉、绿门铜钉、黑门铁钉。此外，门钉数量也有讲究，皇宫大门用钉最多，即九路九排共八十一枚门钉，往下依次用七路七排四十九枚，五路五排二十五枚等。紫禁城的午门、太和门、神武门等大门的门扇上，都可看到用的是红门金钉八十一枚这种最高级的版门。

格门

格门是置于房屋中堂的门，通常设计成六扇，中间两扇是板门，左右四扇是格门，故有"格门"之称，或称"格扇门"。传统的格门在样式上有两种说法，第一种说法是将一扇格门分为四个部分即四段，最上面是"涤环板"，然后是"窗棂"和"雕花腰板"，最下面是"裙板"。第二种说法是将一扇格门分做两段，上段叫"格心"，下段叫"裙板"。按二段式格门的说

古建筑中格门

法，格心是格扇上透明的部分，格心可用细棂条拼斗成各种三交六碗、双交四碗等菱花图案。为了透明和防尘，古代常在格心上糊纸。明代用楮树皮造的棂纱纸，是特制的一种宽二米的糊门窗用纸，俗称"丈二匹"，质地洁白柔润，纸上可绘画。除了糊纸，还有在格心上夹纱的做法，用于内部，分隔前后，有雅洁之感。裙板部分则全部用木板镶严，有的也在裙板上施以雕花作装饰。

格门每间可做成四扇、六扇、八扇，甚至十二扇。一般格门都内开，所以在大边上下都要做出转轴，分别与槛框上的连楹、栓斗交接，以便开关。由于格门可以活动，遇到庆典喜宴时，可以拆下来，增大中堂的中间位置。因此，经常需要增加活动空间的宫殿、庙宇和宗祠，都采用格门造型，通常将六扇、八扇、十二扇的格门排成一列，不但显得富丽堂皇，而且在遇有祭典时还可拆下。一般地说，寺庙和宗祠的格式门平日不能开启。

垂花门

北京四合院一般按南北轴线布置房屋和庭院，全宅分为前后院，住宅大门多设在东南角上，门内设有影壁，入门折西，则为前院，在前院与后院之间有装饰华丽的垂花门。

垂花门大致可分为两大类：一是独柱式垂花门；二是双柱式垂花门。独柱式垂花门是单排柱子，是垂花门最简单的形式，梁架与柱子十字相交，梁头下设垂莲柱，特点是两面完全对称，通常与墙结合成一个整体。双柱

古建筑中垂花门

式垂花门有两排柱子，根据屋顶形式不同，又可分为双柱单卷式垂花门和双柱双卷式垂花门。双柱单卷式垂花门在垂花门中数量最多、最普通、最常见。四合院基本是双柱单卷式垂花门。这种垂花门均为卷棚悬山顶，正面屋顶安大脊，前檐柱间装两扇棋盘门，背面柱之间装四扇镜面屏门。双柱双卷式垂花门的屋顶为双卷，在园林中常用与游廊相接，作为人流导向及游廊的横穿入口。

在以上两大类三种形式垂花门的基础上，可以派生出许多造型独特别致的垂花门，如北京颐和园云松巢的歇山顶垂花门、画中游出厦式垂花门和云山胜地三开间垂花门，等等。

由于垂花门生动、活泼，富有装饰气氛，赢得了人们的喜爱，常常被借鉴或引用到建筑物其他部位上。如在宫殿、寺庙、园林的门窗上装饰以垂花式的门罩和窗罩。北京故宫皇极门在红色宫墙上装饰垂花门，使门在体量和尺度上与宫殿协调，显示了皇家的尊贵。垂花窗罩以承德普陀宗乘与须弥福寿庙大红台窗式垂花罩为典型。有了垂花式门窗罩，就给建筑物增添了富丽堂皇的色彩和活泼、轻快的气氛。垂花门的作用也就超出了门的范畴，发展成为室内外空间的一种装饰艺术。

园林墙门

在中国民居的传统住宅环境里，除了大门和正厅等处的正门之外，处于房屋其他部位的门，一般不拘形式，可以随意想象，做得自由和新奇，如常见的有花瓶门、月洞门（亦称圆门）、梅花门、灵芝门、云门、葫芦门、八角形门、六角形门等，体现了中国建筑中浓郁的文化气氛。透过这不同形状的门看外面的景色，就如同一幅镶嵌的画，增添了生活中的情趣。由于这些墙门在传统园林墙垣造景中常见，故称"园林墙门"。

铺首，或称铺饰，就是门上的衔环，一般可分为金花铺首、卷螺铺首、铜钱铺首和兽头铺首等多种。

金花铺首

金花铺首是一种金花瓣状的铜片，装在环钮底套上，其上饰有手掌大小的八卦铜片。

相传金花铺首始于公输班，传说以前，公输班见到水蠡浮于波面，乃贴于门户，以引闭门板，竟不能开，于是就把蠡花图样装饰在门上。后人则以为蠡花能守住户气，更加上八卦图案，作为辟邪之用。

衔环

卷螺铺首

卷螺铺首是以螺形为装饰的衔环。相传，这种蜗螺形式的衔环是从汉朝留传下来的。传说在汉朝，有一个名叫许铜的人，平时常取蜗螺来祭祀神明。某日，忽然来了恶鬼要拉他下地狱，许铜被吓得躲到神案下，不久就疲倦睡去。梦中，许铜被恶鬼用脚镣手铐锁住，拉往地狱。突然，许铜的眼前大放光明，他所祭祀的神明出来救他，告诉他说："在第二天夜里，恶鬼仍会再来索命。天亮后，你就赶紧去寻找蜗螺，把它们贴在门板上，使其爬行画符，恶鬼就伤害不了你。"许铜依言而行，果然晚上恶鬼又来，但却打不开门，仅能在门外狂啸，终于无奈，投往他处。

过了三年，该地发生干旱，地方官吏请道士作法祈雨。道士说需要用蜗螺祀神，才能乞得甘霖。于是，就去向许铜求取蜗螺。经百般要求，门上的蜗螺被取去祭神。果然，天降甘霖，万物得以复苏，但许铜却在当晚寂然去世。于是，人们便以为蜗螺也可以闭户辟邪，就把它装饰在门上。

铜钱铺首

铜钱铺首就是将铜钱装饰于门的环钮上。俗语说："得到正德钱，百子千孙孵万年。"又说："钱财得得来，喜气日日开。"这都表明人们对钱财的渴求，因此用铜币来装饰门，好让钱财来到。台湾民宅的铜钱铺首，多是用咸丰重宝来装饰，取"钱财咸丰余"之意。

兽头铺首

除了以上三种铺首之外，还可以见到一种兽头铺首，其用意也在于辟邪和招福。兽头铺首，先前是取形于一种怪兽，大概自汉后便取于狮子。

在庙宇大门的门槛两旁，常可看到有一对圆形的石雕，其形类似鼓状，俗称"石鼓"。

石鼓的形状一般多是圆形，亦有方形石鼓。石鼓的精美在于两面的雕刻，普通的石鼓仅刻回旋纹，纹的下方再刻些花草。一些大型的庙宇门，门下石鼓雕刻的布局和图案都非常讲究，有的浮雕着人物和花卉，有的雕八骏图、梅花鹿、美女、凤凰等，有的甚至将石鼓内外雕空成立体图形，显得八面玲珑，趣味盎然。

窗的起源

窗，本作"囱"，同"窻"、"牕"、"牎"、"牕"。古人在建筑中置窗，主要是为了通风和采光。《说文·穴部》云："在墙曰牖，在屋曰囱。"段玉裁注：

"屋，在上者也。"这就是说，窗和牖的意义相同，但位置不一样。窗专指天窗，开在屋顶，牖则开在墙上。到了后来，窗和牖的分别似乎不很分明，逐渐通用。如晋代的《西京杂记》描述赵飞燕所居的昭阳殿"窗扉多是绿琉璃，亦皆照达，毛发不得藏焉"。晚唐温飞卿有词曰"绿窗残梦迷"。这里出现的窗，已与牖同义。

　　窗的出现可以上溯到原始社会。当时人类采用穴居或半穴居的居住形式，在居处顶部开口，以满足采光的需要，这便是原始意义上的窗。正如《礼记·月令》所记："古者，复穴。皆开其上取明。"此后，穴居、半穴居形式逐渐发展成地面建筑，但在顶部开口的方式却未改变。如陕西武功县新石器时代遗址出土的房屋形陶器钮作圆屋形，其入口处的上方屋盖上开有天窗。由于当时在室内设火塘，又无烟道，所以当时的窗还兼有排烟的作用。

　　完整意义的窗最早起于何时，据《周礼·考工记》"夏后氏世室四旁两夹窗。"，可知当时窗已开在墙上了。就殷周青铜器所见，殷周时窗的形式大多为十字方格窗。到战国时期，窗的十字方格形有了新的变化，同时出现了斜方格窗。汉代，窗的形式有了较大的发展。从明器和画像砖可以看到，窗的形式有方形、长方形、圆形等多种。窗格式样以斜方格居多，其中又有形式变化，此外又出现了直棂窗和锁纹窗。

　　隋唐时期，建筑本身有较大的发展，建筑风格趋于成熟，技术工艺日臻完善，窗的形式以直棂窗为主，占有绝对的优势。宋代，在建筑上大量使用可以开启的、棂条组合十分丰富的门窗。由北宋政府于崇宁二年（1103年）颁行的《营造法式》一书，详细记载了

古建筑中窗

当时窗的种类，大致有破子棂窗、水纹窗、板棂窗、栏槛钩窗、落地长窗等数种。与唐代直棂窗相比，宋代的窗不仅改变了建筑的外观，而且改善了室内的采光和通风条件。

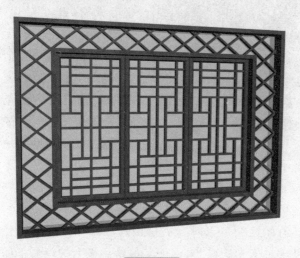
古建筑中窗

元代以后，不能开启的死扇窗已不多见。明清时期虽然还有直棂窗存在，但一般不用于主要建筑。明清最常见的形式有菱花窗和支摘窗两种。高大的建筑，在槛窗之上还使用横披窗。此外还有推窗、风窗、气窗、夹墙窗、漏明窗等数种。明清时期，无论从窗的形式种类上还是从制作工艺上看，都是前代所不能比拟的。

古建筑中的窗多种多样。按其位置分，有槛窗、横披窗、透明窗、象眼窗、风窗、气窗等；按其形式分，有菱花窗、木雕花窗、格扇窗、支摘窗、什锦透窗、直棂窗等；按其材质分，有木窗、竹窗、石窗、花砖窗、铁窗等；按其功用，又可分为真窗和假窗（盲窗）。

一般地说，槛窗用在槛墙的上面，横披窗用在格扇和槛窗的上面，透明窗用于墙垣，象眼窗用于山墙，风窗用于前后檐墙，气窗用于屋顶。象眼窗、风窗、气窗一般为仓房或库房所用。

槛窗

槛窗常见于宫殿和豪富人家。槛窗由格扇窗变化而成，取格扇窗的上半段，安于槛（横木）之间，组合成四扇、六扇、八扇窗，将格扇窗的下半部改为砖石墙或编竹夹泥墙。槛窗的上方常设横披窗，接近屋瓦高处，取其通风作用。窗棂通常分割成数段，每段花样各异，图案较为细密，以防鸟、虫、蝙蝠等误飞入室。

菱花窗

菱花窗是槛窗的一种。窗为开关扇,隔心做成菱花式样,主要有三交六碗和双交四碗两种,其中还有不同花样的变化。故宫绝大部分宫殿都是菱花窗。

直棂窗

以木质建材为主的窗子,一般利用窗棂变化出各种花样。"棂"就是木条,构成方格、斜格以及各种花纹,其中又以用垂直的木条排列而成的"直棂窗"最普遍。窗格以竖向直窗棂为主,上下两头穿以横向木条。故宫内的仓库和一些次要建筑及其附属建筑多用直棂窗。

木雕花窗

贵族、士大夫和一些富裕人家的木窗,常见多用整块木板雕刻成各种花纹图案,俗称花窗。花窗多以吉祥图案为主,如凤凰花纹和龙纹。龙纹花窗常见的图案是,数对夔龙围抱鼎炉,象征吉祥如意。这种富丽形式如花窗,在庙宇中也常可见。

支摘窗

支摘窗是上下两扇组合的窗式,上大下小,上扇可以支起,下扇能够摘下,所以称支摘窗。支摘窗所以分为上下两扇,是因支出的部分应以轻巧为主,若是整扇窗都支出,就显得笨重,而且不美观。此外,只支上扇,能通风采光,下扇则有遮掩作用,可避免外人一览无遗。支摘窗一般装修在花厅、书房或庭院中。

格扇窗

格扇窗一般用于厅堂的前檐。在大型的民居住宅中,常利用这种格扇窗装修,形成封闭的檐廊,作为室内交通孔道。

格扇窗常以四扇或六扇为一樘,上及门楣,下抵门槛,就如一个不能开启的门。格扇窗形式上仿照人的比例设计,由上而下,分顶板、格心、腰华板和裙板四部分。顶板有如人的头部,格心如上身,腰华板即腰部,而裙板则为下身。格心是窗子能通风采光的部分,其高度正如成人的身高,以便看到窗外景物，并利用木条榫接，变出各类式样。腰华板一般不镂空，裙板由于位置低，孩童经常接触，也不雕琢，以免损坏。由于木质材料可以做各种结构上的变化，又可随其所好，雕刻出各类花鸟人物图案，所以，我国传统木窗的式样之多，造型之美，是世界其他建筑难与匹敌的。

古建筑中石窗

石窗

我国的石雕历史悠久，运用于房屋的窗上，也堪称一绝。石窗的花样多属直条状，并且一定是奇数条，偶数洞。因为按传统的风水理论，阳属奇数，阴属偶数。直条的石材是实的，故属阳，而窗洞是虚的，则属阴。

泥塑窗

泥塑窗以石灰土为材料，可塑性极大，凡不规则图案的窗形，如桃子图案窗、石榴图案窗、蝴蝶图案窗、海棠图案窗等，多属泥塑窗。泥塑窗常用于园墙垣和庭院的隔墙，以增加轻松的气氛，美观而有趣味。

琉璃窗

用陶土烧制的琉璃砖瓦，外表光洁发亮，也常用于构筑窗子。用琉璃烧制的窗格，具有防火、防盗的功能，并可达到采光与空气对流的良好效果。琉璃窗多用上釉的琉璃花砖拼凑而成。

花砖窗

花砖窗一般多见于墙体建筑上。在墙面上用花砖拼成窗，可依照窗的形式和大小，决定用几块花砖拼合。

竹窗

我国南方盛产竹子,故南方民居与竹子息息相关,不仅用竹子建成竹篱、竹墙、竹帘、竹席、竹床、竹椅等,还利用竹子建成房屋,当然也会用竹子制成竹窗。在炎热的南方,竹窗能带给人们许多清凉的感觉。

洞窗

在中国繁多的窗子中,有一种不装窗扇的窗孔,称为"洞窗"。洞窗,又称框窗或空窗,它主要用于园林建筑中,造成墙体空洞的装饰趣味,构成取景的边框,使景观如同画幅和剪影,以取得处处邻虚、移步换影、深邃变幻的欣赏效果。主要形制有长方、六角、圆光等几何形以及贝叶、葫芦、扇面等花样。在实际应用上,往往集诸种形制为一廊,如北海公园"看画廊"安排的什锦花窗。洞窗专为便于眺望室外景致而设计,因此,窗子的高度多以人的视线高度为准。或筑池塘、假山于窗前,或植绿竹、芭蕉于窗外,将大自然与窗融为一体。

气窗

气窗一般装修在房屋的上部,作用主要是用来散发屋内上部的湿热之气。民居的气窗,通常建在马背或燕尾下方,或在窗子的上部再加开一个气窗。气窗往往不大,或用两三块琉璃花砖镶嵌而成。

窗的等级

我国古代建筑,从建筑形制到瓦顶式样、走兽数量、斗拱材数、彩画种类等方面都体现出等级差别。同样,窗也体现了建筑的等级。就实例所见,主要建筑物,其窗的等级明显高于次要建筑,次要建筑之窗则高于附属建筑。

菱花窗在诸类型的

古建筑中花窗

窗中等级最高，主要有三交六碗和双交四碗两种形式，三交六碗在等级上高于双交四碗。故宫的绝大部分宫殿多使用菱花窗。使用三交六碗菱花窗的建筑主要有：四门城楼、太和门、太和殿、中和殿、保和殿、文华殿、武英殿、乾清宫、交泰殿、钦安殿、千秋亭、万春亭、奉先殿、慈宁宫、英华殿、皇极殿等处。

较为次要的宫殿建筑使用双交四碗菱花窗或支摘窗。使用双交四碗菱花窗的建筑主要有：东六宫的主要殿宇、午门内东西朝房、三大殿一区的门宇和崇楼等。使用支摘窗的建筑主要有：西六宫各殿、斋宫、养性殿、乐寿堂、颐和轩、景祺阁，以及乾隆花园、御花园等处的园林建筑。附属建筑则多使用直棂窗或简单的支摘窗，如各类库房、值房等小房。窗的颜色，在中国古代也有等级讲究。一般民居窗上的颜色，不能采用属于帝王的黄色，图案上不能雕琢飞龙，若欲雕龙形，只能雕成夔龙，又称螭虎（俗称四脚蛇），是一种无法登天的"龙"。

窗的审美

由于中国古建筑的框架结构所决定，作为屋身之一部分的墙不担负承重作用，窗的设置也就较少受功能上的限制，更多地具有审美的功能。

中国古代的诗词很早就表达了对窗的审美意识。《古诗十九首》中的"盈盈楼上女，皎皎当窗牖"，生动地描述了一个满怀愁思的女子，凭倚楼窗，望见"青青河畔草，郁郁园中柳"而引动对心中所爱的怀想。名句"窗含西岭千秋雪"（杜甫）、"两山排闼送青来"（王安石），皆是写因窗得景，由此欣赏到大自然秀丽的风光。"绿窗春梦轻"（陈克）、"午窗残梦鸟相呼"（王安石），无论是轻梦，还是浓睡，都要凭借

古建筑中窗

窗户，捕捉天籁，将自然界的种种微妙变化，融入人的意识，以铸就一个迷离幻妙的梦境。

窗的功能被移植到园林建筑中，其意义更加丰富。明末清初的戏剧家李渔曾于浮日轩中，作《观山虚牖》，又名《尺幅窗》、《无心画》。因轩后有一

座小山,虽不高大,但其中丹崖碧水、鸣禽响瀑、茅屋板桥,却无所不备。李渔裁纸数幅,作画之头尾,镶边,贴在窗的四周,所谓"实其四面,独虚其中"。虚,并非空,乃纳屋后的山景于其中。这就是园林艺术中的借景手法。

窗除"通"以外的另一个作用是"隔",巧妙地利用人们视线的局限,增加空间的变化,而引出朦胧的诗意。如园林中粉墙上的洞窗,隔开两个空间,使人在此一边看到彼一边,二者构成对景,本来是咫尺相望的景物变得含蓄幽深了,在恍惚迷离的气氛中扩大了空间感觉,从而使空间得到延伸。而隔墙相邻的景色若隐若现,愈觉深幽空灵,更引起向往之情。窗利用了人们视觉上的错觉,起到了扩展景深的作用。

内檐

内檐装修是外檐装修相对的称呼。各类门窗,都是作为建筑物内部与外部之间隔物而设立的,其作用、功能略与檐墙、山墙相仿,都是外檐装修。内檐装修或是作为建筑物内部间隔,或是作为建筑物内部的陈设。

内檐格扇

内檐格扇,也叫碧纱橱。内檐格扇在分间的隔断上,有的满装格扇,可用六扇、八扇,或者更多,依间深大小而定。每块格扇的结构做法,框架仍用边挺抹头,上下仍依格心裙板布局。由于格心每每在宫殿及讲究的住宅中糊以绿纱,所以有"碧纱橱"之称。

罩

内檐装修中的罩有几腿罩、栏杆罩、落地罩、炕罩、花罩等多种式样。在房屋内两种不同地方之间，而这两种不同地方又无太大的不同，又不必显著地隔断开来，便可以装修罩。如是三间大厅，即可在左右两排柱上顺着梁枋安装栏杆罩或花罩，这样中间的明间可作为较正式的会客场所，左右两间便可作为随便漫谈的地方。

几腿罩。几腿罩是带有装饰性的隔断物，下端不着地，只在装饰物的两端用小垂柱收住。几腿罩的花样很多，有的用棍条卷曲盘绕成各种纹样，有的雕刻花草植物或动物。

栏杆罩。栏杆罩是依房屋进深方向分为三段，用两根立柱间隔，边侧两端较窄的设栏杆隔截，中间较宽的一段走人。

落地罩。落地罩，也叫地帐。落地罩做法是在开间的左右柱上安装格扇各一道，格扇上有横披，横披与格扇转角的地方安装花牙子。月洞式落地罩也叫圆光罩。

炕罩。在北方，习惯在火炕的边沿上做带装饰性的隔断物，这就形成独特的炕罩。

内檐装修用料多为硬木，如紫檀、红木等。雕刻精致是内檐装修的特点，有镶嵌景泰蓝花朵和青玉花朵等各种做法。

廊

廊的起源

廊是中国建筑的一大特色，历史悠久，从原始社会晚期就已经出现。到了商周时期，廊的规模已经相当宏大，从考古发掘的建筑遗址中常常可以发现它的遗迹。如距今约七千年的浙江余姚河姆渡建筑遗址中的长屋遗迹，进深约有七米，长屋前面有一点三米宽的前廊遗迹。河南偃师二里头商代早期宫殿遗址中，不仅主要宫殿建筑前面或周围有宽大的廊子遗迹，而且在整个宫殿的外围用巨大的廊子围成了一个方形的广场，构成了中国几千年来传统的庭院布局形式。其他如湖北黄陂盘龙城商代中期宫殿遗址，陕西岐山凤雏和扶风召陈的西周早期宫殿遗址中，都有宽大整齐的廊。以后每个朝代的宫殿、坛庙、园林、寺观、王府、宅第等建筑中，都少不了廊这种建筑物。

相传在春秋时期有这样一个故事。吴王夫差专门为西施修建了一座豪华的宫殿，名叫馆娃宫。宫里楼台亭阁十分精美，然而最为奇特的是宫中的一条廊。由于西施能歌善舞，吴王夫差为了使西施能在宫内随处起舞，特地叫工匠们设计了一条廊，环绕于宫中。廊下面是空心的，里面摆着按照不同音响而制成的大小不同的空缸。当西施在廊内穿上硬底鞋翩翩起舞时，足下便发出悦耳的音乐声。

廊，据宋李明仲所著《营造法式》的解释："步檐谓之廊。"也就是屋檐下的过道，或是独立有顶的走道。由于廊特别适宜于人们漫步游走或徘徊观赏，所以又称"走廊"、"游廊"、"过廊"，等等。

在古建筑中，还常常看到"庑"、"副阶"等名称，它们与廊有

时很难区别，所以又称之为"廊庑"、"周围廊"的，其功用也和廊一样，上有房檐，供人行步之用。一般地说，"庑"和"副阶"指的是殿堂、楼阁前或周围的檐廊，不包括独立的、凌空的、飞跨的廊。

廊不仅可以避雨遮阳，而且那亭台楼阁、殿堂馆榭用一线长廊贯穿，犹如一颗颗散落的珍珠用锦链串起，成为一个有机的整体。人们游来曲折有致，再加上廊本身建筑形式的丰富多彩，更倍增情趣。

廊的种类和形式非常丰富，按照所处的位置有宫殿廊庑、坛庙寺观廊庑、桥廊、爬山游廊、临水游廊、跨水游廊、飞廊覆道等；按照建筑形式有半壁廊、凌空廊、双面廊、长廊、千步廊等。

宫殿、寺庙廊庑

宫殿、寺庙中的廊庑有两种，一种是殿阁门堂本身的廊庑，有前檐廊、前后廊、三面廊、周围廊等，如北京故宫中的太和殿、保和殿、文渊阁、颐和园的勤政殿等建筑中的廊庑，都属于前檐廊的形式。故宫中的太和门、坤宁宫，碧云寺中的菩萨殿等殿阁本身的廊子，都是前后廊的形式。周围廊的殿阁很多，如北京故宫的中和殿、国子监的辟雍、颐和园的佛香阁、山西应县木塔、杭州六和塔，等等。

另一种是在宫殿、寺庙中的中轴线上的门、殿两旁，还有围绕的廊庑，称作两庑或东西庑。这种廊庑一般都是廊子向里，与配殿、配楼相结合，构成层层的庭院。如北京故宫从天安门、端门、午门、太和殿、乾清宫直到御花园为止，每一进庭院都有长大的廊庑，把主体建筑衬托得更为雄伟壮丽。

长廊

我国古代建筑中的长廊很多，现在保存下来的则首推北京颐和园的长廊。它位于万寿山的南麓、昆明湖的北岸，好像一条华丽的项链，装饰在万寿山与昆明湖之间。长廊东起邀月门，西达石丈亭，全长七百二十八米，共二百七十三间，有五百米多的路程。

颐和园长廊不仅长，而且在建筑设计的艺术处理上也有很高的成就。长廊沿着昆明湖北岸的自然地形，随形而弯，依势而曲。为了避免廊子过长显得单调，在长廊的中部自东而西建造了留佳、寄澜、秋水、清遥四个风格不同的亭子。这四个亭子的位置正处在地形起伏转折的地点，虽然地势略有高下，游人也感觉不出来。

1750年，乾隆在修建清漪园的时候，还特地派了画师到江南搜集描绘了苏州、扬州、杭州等地的自然风景、园林名胜，并将这些景致画在长廊的梁枋上，这样游人在廊内就可欣赏到江南的美景。所以，颐和园长廊又称得上是一个特殊的艺术画廊。长廊内外，一步一景，景随步转，显示了我国高超的园林艺术。自金朝到明清，在北京的皇宫前面也有一个很长的千步廊。据记载，这个千步廊从天安门到前门内，东西各有一百四十四间，共二百八十八间，比颐和园长廊的间数还要多。

半面廊

半面廊一面透空，另一面为墙壁，故又称半壁廊。这种形式的廊子很多，仅以北京北海公园来说就有不少处，在静心斋和画舫斋中都有美观的半壁廊，静心斋的半壁廊还是爬山游廊，富有起伏曲折的变化。然而，堪称

佳作的还要数北海公园琼岛北山的看画廊。两旁山石嶙峋，洞路幽深。看画廊依山环转，一面凌空，一面是漏窗。人行廊内向外观看，水色山光宛如图画，而廊外的人看廊内行人，也宛如在画中。在江南园林中，半壁廊也非常多，无论园子大小，几乎都有这样的廊子。

两面廊（覆廊）

两面廊的设计别具匠心，即是把一道墙的两面都做成廊子，使园子的内外区隔之处两面都是游廊，既增加了游览路线的长度，又扩大了园林的景界。

在江南园林中两面廊不少。苏州沧浪亭是苏州现存最古老的园林，距今已有千年历史。它的特点就是将园内外的景色隔开。设计人把园外葑溪之水借入园景之中，扩大了园子的范围，增添了景色。在营建技巧上，运用了一弯"漏窗覆廊"（即两面廊），把一道临水墙做成两面廊子，从园里园外都可观赏到廊子，在内外廊漫步，就好像在两个园子里一般。

北京北海团城上北侧的两面廊也设计得独具匠心。其形式有如双面廊庑，中间不是墙而是室。它的内侧是团城上承光殿后院的回廊，构成团城的内部庭院，从内院可以漫步观赏。它的外面则与北海融为一体，与琼岛相对，互增景色，堪称古典园林建筑中的佳作。

飞廊

在《营造法式》的小木作中，有一种名叫天宫楼阁的佛道帐，用一道道

的高空飞廊把许多座高大楼阁联系起来,气势非常壮观。"复道行空,不霁何虹",所描写的就是这种高空飞廊的形式。高空飞廊一般都是两面有较高的栏杆和窗户,不能做成低栏透空的形式,以保护游人的安全。

现存的实物以北京雍和宫的飞廊为代表。当人们参观雍和宫的时候,转过了法轮殿,从一条夹道中可以看见在高大的万福阁的左右两边,有飞廊两道,悬跨于空中,把三座独立的高阁联系起来,气势非常壮观。

桥廊

我国许多地方的桥梁上都建有廊,称为桥廊。带有廊的桥也就称为廊桥。桥廊的作用很大,它可以遮风避雨,遮挡烈日阳光,可供过往行人休息,还可在廊内观赏风景。桥廊美化了桥身,使桥梁的艺术造型更加美观。

现存桥廊的实物很多,尤其在我国南方,桥廊的形式更是丰富多彩。广西三江侗族自治县的风雨桥可以说是廊桥中的佼佼者,廊桥与村寨结合,构成了特殊的村寨风光。在三江县北二十公里有一座风雨桥名叫程阳桥,规模很大,桥廊的形式也极其优美。桥跨于山溪之上,全长七十六米,它的结构是在五个石桥墩上建起通长的廊子,廊内当中为走道,在走道的两旁还安设了坐凳,以供行人在廊内坐歇。为了使桥廊美观,在廊的两头和中部共建了五个不同样式的亭阁。桥的造型可以称得上是一件成功的建筑艺术品。廊,虽然不是古建筑中的主体建筑,但它却是重要建筑群和风景名胜中不可缺少的部分,具有很重要的实用价值与艺术价值。

柱

概述

在中国房屋建筑的发展进程中,柱起了重要的作用。中国古代最早的房屋,如在陕西西安半坡村原始房屋的建造中,柱主要是立在屋内,起支撑屋顶的作用。

随着房屋建造技术的进步,柱逐渐由房内移至屋檐之下,与斗拱相结合,形成具有中国传统房屋。

随着房柱延伸至檐下,出于美化的需要,柱出现了多种形式的变化。在汉代,柱的形状有八角形、圆形、方形和长方形四种。八角形柱的柱身短而肥,有显著的收分。崖墓柱的柱身表面刻束竹纹和凹槽纹。房屋转角处立方柱一个,承受一方面的梁架,这是后代建筑所少见的。

廊柱

在南北朝时期,八角柱和方柱多数具有收分。此外,出现了梭柱,使圆柱的柔和效果得到更多地发挥,如河北定兴石柱上小殿檐柱的卷杀,就是以前未曾见过的梭柱形式。在唐代,房屋建筑大量使用柱,如建于唐大中十一年(857年)的山西五台山佛光寺大殿,立有内外两周的柱网,形成面阔五间,进深两间的内槽和一周外槽。宋代的山西太原晋祠圣母殿是一组带有园林韵味的祠庙建筑,在圣母殿正门的前廊采用了八根龙柱,给圣母殿增添了庄严的气氛。

中国古代的龙柱可分两类：一类雕饰较为简单，柱身除上下两端略饰云彩水波外，只刻一条长龙盘绕；另一类雕饰繁复多姿，柱身除长龙外，还刻意加上花鸟人物走兽，十分热闹复杂。龙柱一般只限用于殿檐下，以表庄严。

在宋代，《营造法式》对梭柱制作规定了明确的比例，规定凡立柱都有"侧脚"，柱头向内微倾约百分之一。对柱的"升起"，就是柱的高度由中间向两端逐渐加高也有明确的规定，使房屋构架增加了稳定性。宋代柱形趋向多样化，除圆形、方形、八角形外，还出现了瓜楞柱，而且大量使用石柱，柱的表面往往镂刻各种花纹。自宋代以后，中国传统建筑的柱式大致定型，或方形、或圆形、或八角形、或龙柱，均视具体房屋建筑的性质而选用。

柱础

柱础就是柱下的石基础，它主要的功用是将柱身中的荷重载布于地上较大的面积。我国的建筑以木构为主，木材容易腐烂，所以接触地面部分用石柱础，既可防潮，又可免除柱脚腐蚀或者碰损，在建筑的结构上有一定的作用。

最早的柱础记载见于《淮南子》："山云蒸，柱础润。"在考古发掘上，发现最早的柱础遗址是陕西西安半坡新石器时代村落遗址，柱下虽无础石，但已有较坚硬的夯土层，有柱础的作用。

汉柱础。汉代的柱础，根据汉画像石和墓砖画，可以得知有三种不同的形式。第一种形式作石卵状，础石向上凸起，插入柱的下部。这种形式的柱础，会因柱上重量在超过柱的断面所能担负的范围时，或柱上方的重心有偏，则柱下部一定会破裂发生危险，后来逐渐被淘汰。第二种形式像一个倒置的"栌斗"（斗拱下最大的一只斗），看上去有些像明清的"柱顶石"（柱础名），不过它的"欹"（四周向下斜杀的部分）部很高，而且"欹"部下还有一部分方座，露出在地面，所以与明清的柱顶石有所不同。第三种形式作"覆盆"状，显然比第一、第二种柱础形式进步。覆盆形式的柱础，底口宽大，因而座很稳，居上的低盆边缘圆滑，既减少碰撞，又分力均衡。

南北朝柱础。到了六朝时期，佛教昌盛，传入了许多外来的建筑艺术形式，尤其在装饰的花纹方面，使柱础发生了变化。在山西大同云冈石窟的石刻中，可以看到有人物狮兽形状、须弥座式、覆盆式、莲瓣式等不同装饰形式的柱础。六朝的覆盆和莲瓣形式的柱础一直沿用至唐代。如河北正定开元寺钟楼、山西五台山佛光寺正殿等的实物及陕西西安大雁塔门楣石刻、敦煌壁画等所示，都有覆盆柱础和莲瓣柱础。

唐柱础。唐代柱础构图已臻复杂，权衡比较低矮，覆盆柱础上已有了"盆唇"，以宝装莲花为装饰，"覆盆"的高约为础方的十分之一，与宋代《营造法式》所规定的相近。莲瓣宝装之法，每瓣中间起脊，脊两侧突起椭圆形泡，瓣尖卷起作如意形，是唐代最流行的风格。

宋柱础。《营造法式》是北宋建筑官书，所载形式是以当时开封建筑为主。随着宋室南渡，《营造法式》便传到南方。今日江南及北方各地所存的实物，大致与该书所载相符。这些柱础的雕刻，所表现的手法，技术非常工

整，构图十分严谨，将当时通行的艺术形式，如写生画、如意图案等，都巧妙适当地结合，与其他的艺术相谐调，表现了同一步骤同一作风，一望便知是宋人的风格。

清柱础。清代称柱础为"柱顶石"，"顶"字大约是"碇"字的讹音。明清以后，北京主要官式建筑，都用古镜柱顶石。根据《营造算例》第七章所记载清式柱础的尺寸是"柱顶见方按柱径加倍，厚同柱径。古镜按柱顶厚十分之二"。清式柱础古镜四面的曲线像抛物线形，以古镜上面作顶点，徐杀至柱顶石的边缘。为什么柱础由覆盆式渐渐变为古镜式呢？大约是覆盆的外缘线条是凸线，施工较难，而古镜的线条是向内额，施工时较为简易的缘故。

在清代还流行宝装莲瓣式柱础，而且做法已臻程式化，形成了所谓的清式"八大满"。在清代，四川和苏南地区还流行鼓形柱础。到了近现代，柱础仍有发展，类别有六角形、八角形、圆柱形、鼓形、花瓣形、四角亭形、四方盘形、蒜头形、四方双螭形等多种。圆形柱础将腹部分成四个画面，六角形柱础有六个面，八角形柱础则有八个面，每一个画面都雕刻成各种图形，大致有富贵的牡丹、清雅的竹梅、吉祥的石榴等花卉，或是喜鹊、麒麟、马等吉利禽兽，还有人物、书卷等。

除了以上所述历代各式几何形柱础外，在汉代还看到一种动物形柱础，如在徐州青山泉白集东汉画像墓所见的绵羊形柱础和在河南淮阳汉墓中出土的一件石天禄承盘。徐州绵羊形柱础羊作蹲伏状、卷角、垂须、紧嘴微露齿，形态生动。河南天禄承盘是将一天禄立于圆形底座之上，昂首、四肢微屈、头顶生角、尖圆耳、圆眼、狮鼻、张口露齿、颏下垂长须、肩生双翼、长尾卷曲。天禄背上立一圆柱，柱顶出斗拱，呈圆形盘。

历经数千年的发展，柱础不但成为中国传统建筑的一大特色，而且已成了融石刻、造型、信仰等多种文化内涵于一体的艺术奇葩。

斗拱的形成

斗拱，也写作斗栱。在汉代，斗拱分称，斗还称"栌"、"枡"，（音而）、"㮇"（音节）、"节"等，拱又称"欂"（音薄）、"枅"（音研）、"㭼"（音疾）、"栾"，等。斗拱是中国古代建筑特有的构件，用于殿堂建筑。斗拱在屋顶的出檐下面,位于柱与梁之间。由方形的木块"斗"、弓形的短木"拱"和斜置的长方枋"昂"组成。斗拱的作用是支撑巨大的屋顶出檐,以减少室内大梁的跨度,分散梁柱对大屋顶的负荷。斗拱还是等级制度的象征,斗拱的大小与出挑的层数有关,层数越多,等级越高。

　　汉代斗拱多见于石祠、石阙及墓中,或见于画像砖石、壁画与明器。从汉代斗拱所处的位置来看,当时已经有了柱头斗拱、补间斗拱和转角斗拱。它们的形式和变化很多,有的有拱无斗,有的有斗无拱,有的拱、斗、升俱全,以一斗二升或一斗三升为多见。角部除正出九十度或斜出四十五度挑梁(或华拱)上加斗拱外,还有使用交手拱、斜撑或角神的。拱的单体有全拱和半拱之分,在使用中也初具了华拱、泥道拱、瓜子拱、令拱和实拍拱的功能。拱的外形有矩形拱、折线拱、曲线拱、人字拱、交手拱、曲尺拱、龙首翼身拱等。斗和升既有较简单的矩形与梯形式样,也有斗身和斗敧都较完备的(又可分为平盘式和槽口式)。此外,斗拱还有单拱与重拱的区别。汉代斗拱在百花齐放的基础上,通过长期实践,在结构功能和造型艺术上更加完善并趋于统一,由此奠定了我国古代建筑斗拱的基本形式,为后代斗拱的完全成熟开辟了道路。

　　从南北朝到隋唐,斗拱在类型与数量上虽不及两汉丰富,但甘肃敦煌二百五十一窟及二百五十四窟中的北魏单抄插拱,却是我国现知最早的木拱实例。现存最早的完整木构架建筑及斗拱始见于唐代。山西五台山佛光寺的斗拱,在结构功能、构造形式和造型比例方面,都已臻于完善,可认为是我国古代木建筑斗拱成熟的代表,后代的斗拱基本上都遵循这一形制。

斗拱

斗

　　从汉代文物来看,斗可能是由拱变化而来的,端部呈斜面的拱大概是斗的最早形式。后来,它的体形逐渐增高与变窄,成为名副其实的斗形,只有在出现了斗身和斗欹以后，斗的形象才接近于完成。汉代斗的平面均为方形或矩形，未见有圆形、讹角和多瓣形的。在外形上，石祠与石墓中的栌斗体积较大，斗底径常大于柱的上径，柱高与斗高之比在二点五倍至七倍之间。

早期的栌斗应是平盘式而不开槽口，其上部宽度略等于搁置构件的宽度，其他各部尺寸比例也不严格。斗上开槽口是为了防止搁置其上的构件产生水平位移，对保持构件体系的稳定性起了良好的作用。由于槽口嵌容构件须有一定的深广，因此斗身也要有相应的尺度，其趋势是斗身渐高于斗欹，二者的比例也渐固定，后来到北宋已规定为六比四，沿袭至清代基本不变。

拱身

就拱身而言，目前所见大多都是全拱，其位置和功能与《营造法式》中的泥道拱或令拱相似。半拱见于建筑明器，位于端跨边柱内侧，实际上是插拱式的半个实拍拱。由两个半拱互为九十度组成的曲尺形拱，亦见于建筑明器。

斗拱在汉代遗物中表现很不典型，看不到直接由栌斗中出跳的例子。在明器中多为自墙内或柱中伸出的挑梁式样。在汉画像石可见到曲拱和叠涩拱。

拱体外形除初期其端部为平直矩形或多层叠涩以及收杀为单斜面外，在一斗二升和一斗三升式斗拱中，又出现了折线拱和曲线拱。山东沂南汉墓前室擎天柱上的拱身，除承栌斗、散斗处为平直外，两端至下缘作斜杀的二折线，上缘则为颔入弧线。曲线拱是古代利用天然的产物，以沂南汉墓后室的龙首翼身拱为例，其中央的一斗二升斗拱拱身曲线较缓和，与四川汉阙及石墓中拱身曲线变化大者迥异。曲线拱其他地区少见，龙首翼身拱仅见于沂南汉墓。交手拱见于

斗拱的早期式样

四川渠县无名阙和沈府君阙。

斗拱的早期式样

我国古代地面建筑大多是木梁柱结构，围以夯土、砖、石的墙壁，出跳形式除在柱或墙内伸出挑梁式构件外，还采用了在柱端伸出一层或多层矩形短木——拱材来解决。由于我国木构架建筑的结构构件主要承受垂直方向的重力，因此，拱材得到了较多的应用，并逐步发展成为我国古代建筑斗拱的通用形式。

多层实叠拱虽然增加了出跳距离，又有较强的抗弯抗剪能力，但自重较大、材料耗费多、外观也欠灵巧。山东日照两城山画像石，其斗拱最上面的三层拱，拱材已为两组短木所代替。这表明当时的劳动人民从实践中已经了解到在同等荷载下可适当减小拱身的承压面积。这就更有效与更节约地使用了材料，并减轻了结构本身的自重。从对材料性能的认识，对构件受力情况和建筑外观的改善来看，这都是一个很大的进步。同时，又使得拱与斗、升的区别逐渐明显，从而引起了斗拱更多与更复杂的变化。

一斗二升拱

一斗二升式斗拱在已见的汉代文物中出现最多，大概是使用时期较长和应用较广的一种式样。

一斗二升拱

从力学上来看，一斗二升拱以端部两个较小的支承面来代替整个拱背承载荷重，已是很简洁的手法了。然而，缺点是两端的支点距栌斗边缘不能太远，否则拱身就会因弯距过大而产生破坏。增加拱身的横断面积虽可弥补这一缺陷,但由于拱身的比例尺度及立面艺术处理的限制,往往难以满足。

山东沂南汉墓前室擎天柱斗拱、四川雅安高颐阙斗拱和平阳府君阙斗拱都在一斗二升的拱身中间添加了一个"小柱",看来是一种合理的解决方法。由于增加了这一支点,相应地减小了拱端的应力,并使构件所承受的相当大一部分外力成为轴心压力,这是在斗拱结构上的又一次重大的改进,在形式上则成为后来一斗三升式斗拱的滥觞。

一斗三升拱

由于一斗二升式斗拱在结构上存在着较大的弱点,最后逐渐为一斗三升式所取代。一斗三升式的进一步发展,就成为我国斗拱中的典型单元式样。一斗三升式斗拱在汉墓、明器及画像砖石中都可看到。它们的形式不一致,与后代的一斗三升斗拱比较,有的差距较大,有的则颇为相似。山东沂南汉墓中的龙首翼身拱,虽是一斗四升的变体,但仍可看出是在一斗二升的基础上发展起来的。

人字形拱

大约在南北朝时期,在一斗三升拱形成的同时,又形成了一种人字形拱。

人字拱的形制,或直脚、或曲脚、或单独使用、或在人字拱中加柱、或将人字拱和一斗三升拱相结合。人字形拱的出现,使斗拱的组合形式更为多样。

斗拱的作用

所谓"斗拱",简言之,就是在方形座斗上用若干方形小斗与若干弓形的拱层叠装而成。斗拱最初用以承托梁头、枋头,还用于外檐支承出檐的重量,后来才用于构架的节点上,而出檐的深度越大,斗拱的层数也越多。

中国古代的匠师早就发现斗拱具有结构和装饰的双重作用。帝王君侯也以斗拱层数的多少来表示建筑物的重要性,作为制定建筑等级的标准之一。

在斗拱发展的过程中,至迟在周朝初期已有在柱上安置座斗以承载横枋的方法。到汉朝,成组斗拱已大量用于重要建筑中,斗与拱的形式也不止一种。经过两晋南北朝到唐朝,斗拱式样渐趋统一,并用拱的高度作为梁枋比例的基本尺度。后来匠师们将这种基本尺度逐步发展为周密的模数制,就是宋《营造法式》所称的"材"。这种方法由唐宋沿袭到明清,前后千余年,由此可见斗拱在中国古代较高级建筑中所居的重要地位。

宋朝木构架的中间开始加大,柱身加高,房屋空间随之扩大,木构架节点上所用的斗拱逐步减少,这种趋向到明清两代更为显著。这就是高级抬梁式木构架结构及其艺术形象,由简单到复杂,再由复杂趋于简练的一个重要发展过程。明清两代的柱梁较唐宋大,而斗较唐宋小,而且排列较丛密,几乎丧失原来的结构功能成为装饰化构件了。

照壁种类

北京颐和园九龙照壁

照壁,又称影壁、照墙、屏、树,是中国古代房屋庭院的一种附属建筑。中国古代照壁可以按所立位置和制作材料进行分类按所立位置,中国传统照壁分为门外照壁、门内照壁、门旁照壁和独立照壁等四种。

门外照壁。在中国古代,较大规模的建筑群往往建有门外照壁。照壁正对大门,和大门外左右牌坊或建筑组成门前广场。北京颐和园东宫门最前面有一座牌坊作为入口的前导,然后迎面有一座照壁作为入口的一道屏障,自照壁两边进到东宫门前,照壁、东宫门和左右配殿,组成了门前广场。北京北海九龙壁、山西大同九龙壁和南京夫子庙照壁等,都属于这一类照壁。

门内照壁。这种照壁立在大门之内,与大门有一定距离,正对入口,起着一种入口屏障作用，避免人们一进大门就将院内一览无余。这种照壁多设在皇帝寝宫和住宅内院。

在北京紫禁城里有多处这类照壁，如西路养心殿，是明清两代皇帝的寝宫，在通向养心殿的第一道门遵义门内，迎面就设有一座琉璃照壁。在御花园西面通向西路太后居住区的大门内也有这样的琉璃照壁。在内廷东、西路帝后、皇妃居住的宫院内也多有木制或石制照壁。

在北方四合院建筑中，也广泛使用门内照壁。在规模不大的四合院中，大门多设在东南角，一入口就是厢房的山墙面，这类照壁就附设在厢房的山墙面上，不独立设墙。在规模较大的四合院中，除大门外，在里面还有一层内院，内院的大门里往往都设有一道有屏障作用的照壁。

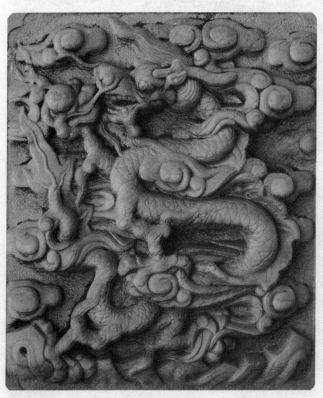

门边照壁。门边照壁设在大门两侧，以增添大门的气势。北京紫禁城乾清门是内廷部分的主要入口，为了增强气势，就在门的两侧加设一道照壁，呈八字形，与大门组成一个整体。

独立照壁。独立照壁是指不与周围建筑发生直接关系的照壁。如紫禁城西路养心殿内院大门两旁各有一座照壁,东路宁寿宫养性门内两旁也各有一座照壁,这四座照壁既不对着大门,也不附在大门两旁,与正殿也看不出有什么特殊的关系,它们立在院内好像是专供人们观赏的一件大型工艺品。

按照壁的制作材料,中国传统照壁又可分为砖照壁、琉璃照壁、石照壁和木照壁。砖照壁从顶到座全部用砖瓦砌筑,这种照壁占了传统照壁的绝大多数,四合院住宅的照壁都属此类。琉璃照壁并不是从里到外全部都由琉璃制作,而只是在砖砌的照壁外包以琉璃构件,北京和山西大同的九龙壁都属此类。石照壁全部用石料制作的不多,只在北京紫禁城景仁宫见到一座不大的石照壁。木照壁现存也不多,因为木料在露天经不住风吹雨淋,容易被腐蚀损坏。

除了以上种类照壁外,为了扩大住宅前的空间,还有在大门外跨过大街或河流对岸建造照壁,借用街面或河面以扩大住宅门前的空间,增加建筑的气势。这种照壁称为隔街照壁或隔河照壁。

照壁形制

照壁的造

型可以分为上中下三个部分，即壁顶、壁身和壁座。

照壁的壁顶按照壁的大小和重要程度，分为庑殿顶、歇山顶、悬山顶和硬山顶四种形式。北京紫禁城和北海内的九龙壁顶为庑殿顶，紫禁城斋宫门旁照壁是歇山式顶，南京灵谷寺院门外的照壁则是悬山顶。这些形式的照壁顶虽然面积不大，但依然是脊有吻兽、角有起翘，檐口出斗拱。此外，也有不少照壁的檐下部分已不再仿照木结构形式，取消了梁枋斗拱，而代之以简单的砖线角出檐。

壁身是照壁的主体，是照壁进行装饰的主要部位。在一些寺庙的照壁上，往往书写有"南无阿弥陀佛"、"万古长春"等字样，或者干脆写"寒山寺"、"佛光寺"等寺庙名字。照壁的壁座多采用须弥座，或者它的变异形式。大部分照壁的整体形式，多为简单整齐的一面墙体，但也有一些变化形式，如苏州园林门外的照壁两边呈八字形向内收进；南京灵谷寺照壁将两边向内收进的部分壁顶降低，使整座照壁形成为一主二从的形式；云南大理照壁分为三段，中间大，两边小，有主有从。这些都是经过变化了的照壁形式。

照壁装饰

在中国传统的照壁中，装饰得最华丽最隆重的是九龙壁。如北京紫禁城宁寿宫前的九龙壁，建于清乾隆三十六年（1771年），照壁总宽二十九点

四米，总高三点五米，是一座扁而长的大型照壁，除壁座外，整个壁体全部都用琉璃砖瓦拼贴。壁顶最上面是黄色的琉璃瓦顶，庑殿顶正脊两端各有正吻一只。在长达二十多米的正脊上贴有琉璃烧制的九条行龙，左右各四条都在追逐一颗

中华起居文化撷萃

ZHONGHUA QIJU WENHUA XIECUI

063

宝珠,到正脊中心是一条龙头正面向外的坐龙。壁顶檐口以下,有两层琉璃烧制的椽子和四十六攒斗拱。壁身是九条巨龙,九龙之下是一层绿色的水浪纹,九龙之间有六组峻峭的山石,壁身底子上满布蓝色云纹。每条龙都在追逐自己前面的火珠,只有东边两条面对面的龙是在追逐同一颗火珠,火珠身上都带有跳跃状的火焰纹。九条巨龙采用高浮雕手法,尤其是龙头部分,高出壁画达二十厘米之多。大片水浪和云纹则用浅浮雕。九龙分别采用黄、蓝、白、紫、橙五种颜色,排列次序是中央主龙为黄色,左右四龙依次为蓝、白、紫、橙四色。八颗火焰宝珠都是白色和黄色的火焰纹,云纹水纹是用蓝色和绿色。壁座是汉白玉石料制作的须弥座,基座的各个部分都有石雕的花纹装饰。

在所见保存至今照壁的壁身装饰多为龙画,用文字装饰的很少。山西祁县乔家堡的"百寿"照壁,可以视为文字照壁的代表作品。

山西祁县乔家堡的"百寿"影壁,建于清末,至今完好。全壁一百个寿字系出自"华北一杆笔"赵铁山之手,书法优美,雕刻精致,是罕见的艺术珍品。民间以它象征"吉祥如意,福寿长存"。

从布局来看,照壁装饰多集中在壁身的中心和四个角上,中心称作"盒子",四角称作"岔角"。装饰的内容有多种兽纹、植物花卉和文字。

寺庙和民宅的照壁多为砖筑,外表不贴琉璃面。其装饰手法,一是将砖筑壁身抹灰,然后再在抹灰的壁身中央部分进行装饰;二是在壁身部分砌用不同的砖面,如在壁身的左右两边或者上下左右四个边用普通砖的砌法,而在壁身的中央部分则用方砖呈斜方格贴面。

寺庙照壁抹灰的色彩往往和整座寺庙的色彩保持一致,如江苏扬州观音堂用的是红色墙体,它的照壁也是红色的;苏州寒山寺是黄色墙体,寺前照壁也是黄色壁身。壁身题字的颜色也有讲究,苏州寒山寺黄色照壁上为白底绿字,苏州虎丘白色照壁上是灰底蓝字。民宅照壁从壁身到雕刻,都是清一色的灰砖色,有的在壁身上用白灰抹面,在白色灰底上再用砖雕装饰。照壁同室内的屏风一样,具有使用和观赏的双重价值,为人们所喜爱,延传至今。

须 弥 座

　　须弥座是一种石制的基座。"须弥"之名源于佛教,在佛经中称圣山为须弥山,把须弥山作为佛像的基座,意思是佛坐在圣山之上。须弥座随着佛教一起传入我国,不仅可以单独放在殿堂前的院子里,用来置放花盆和盆景之类的摆设,还广泛地用来作为建筑、牌坊、影壁、华表、石狮、香炉、日晷等种种建筑的基座。

须弥座

　　中国古代建筑从最原始的穴居发展到地面上的房屋,这是人类发展史的一大进步。地面上出现建筑后,为了防止潮湿,增加房屋的坚固性,往往把建筑造在台子上,这种台子或者选择在自然的高地和坡地上,或者用人工堆筑。在中国古代,越是重要的建筑,下面的台子就越高,故而就有了"高台榭,美宫室"的记载。逐渐除了殿、堂、宫、室设有台基外,牌楼、影壁、门洞、石狮、华表、旗杆等一些小建筑也都设有基座,基座几乎成了所有建筑不可缺少的一个部分。

　　自汉代佛教传入中国后,我们便在敦煌和云冈的佛教石窟里,看到了在佛像和佛塔下的须弥座,这是一种上下均等,中间向内缩的座形。从唐以后,这种上下宽、中间有束腰的须弥座基本形式,代代相传,一直相沿至明清。

　　关于须弥座的形制,宋代的《营造法式》写道:"四周并叠涩坐数,令高五尺,下施土衬石,其叠涩每层露棱五寸,束腰露身一尺,用榻身板柱,柱内平面作起宾壶门造。"记载中的"束腰"是指须弥座中间收缩、有立柱分格、平列壶门的部分;"叠涩"是指位在束腰之下或束腰之上,依次向外宽出的各层；"露棱"、"露身"，都是指叠涩挑出或收进的面。

中国古代的须弥座除了有比较标准的形制外，还有相对固定的雕饰。

莲瓣饰，这是在须弥座上用得最多的饰纹，一般用在上下枭混的部分。在装饰中常见的莲瓣，是荷花开放时的花瓣形式，在云冈、龙门石窟中能见到这种莲瓣饰纹的最初图案。

须弥座

莲瓣作为装饰题材，早在春秋战国时期，就见于铜器和陶器之上。到了汉代，在绘画、雕刻、瓷器、陶器、纺织品、年画等方面，都可以看到莲瓣的图案。作为须弥座上的莲瓣饰，最初的莲瓣饰纹是凸面朝下，随后演变为凸面朝上伏着的样子。与此同时，原来是一个花瓣作为一个单元，演变成为两个花瓣联在一起的"合莲瓣"。在唐宋时期，莲瓣上加了一些小装饰，称为"宝装莲花"。发展到清代，须弥座上的莲瓣鼓起，上面有小的装饰，周围还有隆起的边，显得更加华丽。

壶门饰，须弥座束腰部分的装饰，它的形式是凹入束腰壁体的小龛。"壶"，音捆。《集传》："壶，宫中之巷也，言深远而严肃也。"可能因为这些龛深入壁体，而且在束腰上整齐地排列，既深又严肃，故称"壶门"。须弥座壶门里多是佛像和其他人物的雕像。

须弥基座四角各置一金刚力士铸像，力士头戴小帽，袒肩露膝，背向基座中腰，面向外，肩负须弥座上两级，手扶双膝，呈鼎力支撑状。

四角装饰。在多数清代的须弥座上，四个角采用小花柱式的石雕，形式是上下串珠，中间有突出的腰部组成短柱。在早期的佛座上，有用带节的束柱作角柱。在河北正定宋代隆兴寺的大悲阁佛座上，可看到用石雕的小人作角柱。小人在束腰的四角，或蹲或立，上部用头或用肩扛着上枋，全身作用力状，从身体的姿态到身上的肌肉与面部的表情，无不表现出身负重担的神态。这些小石人称为力士，或称角神。在有的须弥座上，力士由狮子或者别的小兽代替，称为角兽。

卷草纹饰。卷草纹是中国古代建筑上用做边饰的一种传统纹样，早期的卷草纹构图比较简单，由花的枝叶组成连续的波浪形纹脉。到了唐代，卷草纹构图就复杂多了，各式花朵充满了画面，花朵线条流畅，造型丰满。

到了明清时期，大部分须弥座的边饰用压地隐起或减地平钑的雕法，也就是浅浮雕的方法，花饰在枋子上露出浅浅的纹样，远望则融合在须弥座的整体形象中，近观感到很细致。也有采用"剔地起突"的雕法，也就是高浮雕，卷草纹中的朵朵花卉，甚至枝叶都很突出，高出低面许多，能产生很强的阴影。

变形组合

在现存的须弥座中，存在着两种类型：一类是标准式的须弥座；一类是非标准式的须弥座，即经过变形组合处理的"组合式须弥座"。故宫三大殿、乾清宫、皇极殿的台基与颐和园主要殿堂的台基都属于标准式须弥座，而故宫、颐和园的一些次要建筑，以及各地的一般寺庙，一般的佛塔、经幢、影壁、牌楼等建筑，大多是与标准形式不尽相同的须弥座。

颐和园铜亭下的基座特别高，但是整体很小，如果按标准须弥座的式样分为规定的几个部分，那么这些部分的尺寸都很大，整个基座的比例将与座上的铜亭无法协调。于是，工匠将基座分为两个部分，上面是一座比例合宜的完整的须弥座，这个须弥座又坐落在另一须弥座的下面部分上，这样就获得了基座要求的高度，同时又避免了过大的尺寸，保证了与铜亭相符的大小比例。这就是采用两层须弥座叠加而成的组合式须弥座。

故宫铜龟和铜鹤下的须弥座也采用了与标准形式不同的式样，打破了须弥座几个部分组合的常规，取消上枭和下枋，加高圭角，压扁束腰，把剩下的几个部分组合成新的基座，看上去也很稳固而有新意。在大多数情况下，提升须弥座的高度多采用加高束腰的办法，这种形式在早期寺庙佛座上尤多采用。束腰一高，就增多了束柱和壶门等装饰。在一些变形组合式的须弥座上，还可以看到某种附加的装饰。例如，北京故宫太和门前铜狮下的铜须弥座上，四角都加有一块三角形的装饰，这显然是表示须弥座上铺了一块方形毯子，四个角垂在四面，让狮子蹲在毯子上，加重了狮子的神威。经变形的组合式须弥座，既是须弥座，又不是一般常见的须弥座，表现了古代工匠的巧妙构思和卓越才能。

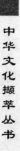

起居物类篇

WULEI

　　中国古代起居生活是随着起居习惯的变化而逐步发展的。自商、周至三国间，由于跪坐是主要的起居方式，因而席与床是当时室内的主要陈设。汉朝的门窗通常施帘与帷幕，地位较高的人便在床上加帐，但几、案比较低矮，屏风多用于床上。

概　述

　　自汉以后，垂足的习惯逐渐增加，南北朝开始有高型坐具，唐代出现了高型桌椅和高屏风。这些新家具经五代到宋而定型化，并以屏风为背景布置厅堂，同时房屋的空间加大，窗可启动，增加室内采光和内外空间的流通。从宋代起，室内布局及其艺术形象发生了重要变化。自明到清初，官僚贵族的家具造型简洁优美，并将房屋结构、装修、家具和字画陈设等作为一个整体来处理，家具装修往往使用大量的美术工艺，如玉、螺钿、珐琅、雕漆等花纹繁密堆砌，趋向奢侈豪华。宫殿的起居部分与其他高级住宅的内部，除固定的隔断和隔扇以外，还使用可移动的屏风和半敞的罩、博古架等与家具相结合，增加了室内空间的层次和深度。宫殿与许多重要建筑还使用天花与藻井，与此相反，一般民居的室内处理与家具布置则比较朴素自由。

席

概说

中国家具制作历史悠久，传说神农氏发明床、席和茵褥，轩辕氏发明帷帐和几，尧始作毯，夏禹作屏、案，少昊作簧，伊尹制承尘，吕望作梳匣和榻，后夔作衣架，周公作簟、帘和筵笫，召公作椅，曹操作懒架，等等。

在发明椅子、板凳、沙发之前，人类有过一段"席地而坐"的漫长历史。在那个时代一进屋，就像今天的日本人、朝鲜人一样，得先脱了鞋，然后到铺在地上的席上一坐或一跪。无论是政府会议、学术讨论、探亲访友或一日三餐，都是席地而坐。

古人把用藁秸编的席叫"荐"，以莞蒲织的席才叫"席"。早在两千多年以前，打草鞋、编荐席已经成了专门的职业。《孟子·滕文公上》说："其徒数十人，皆衣褐捆屦，织席以为食。"可见席的制作历史悠久。

席的名称很多，早在周代，就有"莞、藻、次、蒲、熊"五席之称。但从制作材料上看，主要有草、竹、兽皮三大类。草席在古代还有不少分别，如用初生之苇编席叫"葭席"，未秀之苇编席叫"芦席"，长成之苇编席叫"苇席"；用稻草、麦秸编的席称"稿"；用蒲草编的席称"蒲"，蒲草之小者（蒲草的一种）编席称"小蒲"或"莞"，初生的蒲草编席称"蒻"；用竹和藤编的席叫"簟"，筀、莜、箈等都是竹席。一般地说，竹席多在夏月使用，取其凉爽，而草席则多在冬月使用，取其柔软温暖。

兽皮席比较珍贵，有熊席即用熊皮制成的席、豹席即用豹皮制成的席

等。兽皮席非一般人所能用。据《西京杂记》记载，西汉成帝时昭阳殿中铺着一种绿色的熊席，"熊席毛长二尺余，人眠而拥毛自蔽，望之不能见，坐则没膝中，杂薰诸香，一坐此席，余香百日不歇"。有人研究说，从记载的熊皮席的颜色（绿色）和毛长（二尺余）来看，似乎不像是天然的熊皮，因为熊毛多为黑色或棕色，而且无论如何也没有二尺多长。秦汉时代一尺约合今日二十七厘米多，二尺多就是五十五厘米左右，这比天然的熊毛要长得多。

此外，还有用一些稀有珍贵材料制成的席，如象牙席、金席、犀席、琥珀席、玉席等，这些席纯为奢侈品，多为帝王和豪门之用。据《魏书·韩务传》记载，韩务因向皇帝献七宝床和象牙席遭到痛斥。皇帝下诏说："晋武帝焚雉头裘，肤常嘉之。今（韩）务所献亦此之流也。奇丽之物，有乖风素，可付其家人。"后来便派人把这些东西退回到韩务家中。

古代的制席技术已达到很高水平。有些席柔软得就像一张薄绵，甚至叠起来可以放入小小的研盒里，而且可以防水。据宋人编撰的《清异录》记载，五代时期有一种"秋水席"，这种席"色如葡萄，紫而柔薄类绵，叠之可置研函中，吏偶覆水，水皆散去，不能沾濡"。

在封建时代，席子是某些地区的特产，因而被朝廷选为规定的贡品。如《唐书·地理志》中记载，滑州灵昌郡出产的蒇席、广州南海出产的竹席、陕西凤翔府出产的龙须席等，每年都要向朝廷进贡。

席的使用

席子除了铺在地上，也用于床上。席一般呈长方形或正方形，大小不一。大的可坐四人，小的可坐二人。小方席称为"独坐"，只供一人使用，多为尊者、长者而专设。四川成都东汉墓出土的宴饮画像砖上，刻有两人或三人同坐一席，席前摆放着食

案,它是当时人们宴饮情形的真实写照。这种坐席的习惯,一直延续到南北朝乃至隋唐时期。

古时坐席有规矩,如果坐席的人数较多,其中的长者或尊者另设一席单坐,即使有时与其他人同坐一席,长者、尊者也必坐在首端,而且同席的人还要尊卑相当,不得悬殊过大,否则,长者、尊者就认为是对自己的侮辱。古书中就有不少因坐席不当而拔剑割席分而坐之的描述。古时对坐席的位置方向也很讲究,如《礼记》载:"有忧者侧席而坐,有丧者专席而坐。"

竹编席

古代坐的姿势和现在不同,略如跪状。嘉峪关东汉墓画像石、徐州十里铺东汉墓画像石、大同北魏司马金龙墓木板漆画中的人物都是呈一种坐势。最形象的要算东汉武梁祠画像石上的《邢渠哺父图》了。邢渠与其父皆两膝向前,屈足向后,臀部坐在小腿上。坐时若两足前盘屈则称"箕踞",这种坐势虽然舒适些,但却被认为是对别人的不尊重和不礼貌。

筵席

在床榻还未普及的时代,席的使用经常和筵结合在一起,故名"筵席"。当时的"筵席",并非如今所指的"酒馔"。《周礼·春官·司几筵》注曰:"筵,亦席也,铺陈曰筵,藉之曰席。"由于筵和席通常总是同时使用,为了有所区别,便把铺在大席上面的小席称为筵。

古代,筵席的使用是和礼节相关的。先秦时期,各诸侯国以及周天子都设有专门官吏掌管祭祀和铺陈之事,名曰"司几筵"。《礼乐记》说:"铺筵席,陈尊俎,列笾豆。"使用时,先在地上铺席,再在席上根据需要另设小席,即筵,人就坐在筵上。筵席之上的桌、几等,亦由"司几筵"根据需要负责陈设。

作为坐卧器具,席在西周时期已见使用,魏晋南北朝以后,各种高型坐具渐次出现,用为坐具的席逐渐停止使用,但作为卧具,以床上铺垫物的形式,席一直沿用至今。

床

中国传统家居生活中使用床的历史十分悠久,在古文字的资料中就可以查找到床的象形字。当代学人张舜徽先生在所著《说文解字约注》中说:"床之古文,盖但用,横视之,其形自肖。小篆增从'木'耳。证以'丬',篆从'丬',可知'丬'固床牀之初文也。"据张舜徽先生的这一研究,"丬"就是古代的床形。

现存最早的床

据考古发掘,我国已知现存最早的床是战国的彩漆木床。一是1957—1958年,我国考古工作者在河南信阳长台关第一号楚墓出土的一件战国时期,即离现在两千多年前的彩漆木床,这是中国迄今发现最早的床的实物。

这一件战国彩漆木床分床身、床足、床栏三部分。床身是从纵三根、横六根的方木棍做成的方框。床身的四隅及前后两边的中部设床足六只。床栏是用竹、木条做成的方格,栏的四周安有木条。床长二百二十五厘米,宽一百三十六厘米,高四十二点五厘米。木床通体髹黑漆,床身周围绘以朱色的连云纹。

古代的床

这件战国彩漆木床,与床的初文相似,也与我们今天所用的木制床大体相同。可见我国床的形制,至少在战国时期已经基本定型,尔后两千多年没有多少改变。

二是出自湖北荆门包山二号楚墓的折叠床。床身复原后可分成左右对称的两部分,形制大小完全相同。床栏的外形与长台关一号墓的床栏比较相似,只是结构方法不同。床足分两种，一是四角的曲尺形足，一是中部的长条形足。整个床体拼合后全长二百二十点八厘米，宽一百三十五点六厘米，通高三十八点四厘米，其中床栏高十四点八厘米。床栏、床身、床足通体髹黑漆，漆色光亮如新，足部未经磨损。折叠方法是，先将过梁两侧的四根床撑拿下，再将过梁间的钩栓取出并提下过梁横板。而后将分开的前后四段床边分别向里转动以与两侧的床边贴合。这样，整个床体便折叠起来。

包山二号墓的年代相当于战国中期前后，比长台关一号墓晚了一百多年。这两座墓出土的漆木床与折叠床主要属于卧具，与后来出现的坐具——榻有明显不同。

匡床

我国典籍中关于床的记载很多，《战国策·齐策》说："孟尝君出行国，至楚，献象牙床。"《西京杂记》载"武帝为七宝床，设于桂宫"等。《周礼》、《尔雅》、《春秋左传》、《商子》、《内仙传》、《汉武帝内传》、《燕书》等都有对床的描述。

汉代刘熙《释名》"床篇"说："床，装也，所以自装载也。"又说："人所坐卧曰床。《说文》写道："床，身之安也。"《诗·小雅·斯干》有"载寝之床"。《商君书》言："人君处匡床之上而天下治。"总归这些叙述，这时的"床"既是卧具，又是坐具。"载寝之床"，说的是卧具；"人君处匡床之上而天下治"，则说的是坐具。可卧的床当然也可用于坐，而专为坐的床大都较小，不能用于卧。

匡床，就是指仅供一人坐用的方形小床，即"独坐床"。五代时所绘《洛神赋图》和宋代李公麟《圣贤图石刻》孔子像中所描绘的就是这种匡床。古文献中对匡床的记载也很多，如庄子《齐物论》载："与王同匡床，食刍豢。"《淮南子·诠言》载："必有犹者，匡席衽席，弗能安也。"可见匡床作为一种专门的坐具，在春秋、战国时期就已普遍使用。

到了汉代，"床"这个名称使用范围扩大，不仅卧具坐具称床，其他的用具也称床，如梳洗床、火炉床、居床、欹床、册床等，还有人把自己所骑的马称为"肉胡床"。

汉榻

西汉后期，又出现了"榻"这个名称。《释名》："长狭而卑者曰榻"；"榻，言其体，榻然近地也。小者曰独坐，主人无二，独所坐也"。《通俗文》说：

"三尺五曰榻,独坐曰枰,八尺曰床。"榻是床的一种,除了比一般的卧具床矮小外,无大的差别,所以人们习惯上总是床榻并称。

矮榻如同席子,在榻上或跪坐、或盘坐、或箕踞(两腿向前平伸,坐形如箕状),还可放置凭几、手炉、书卷等。榻前多置食案或书几。

榻的出现至迟在战国中期,但目前所发现的榻时代多偏晚,其中最早的一件为西汉后期的石坐榻,二十世纪六十年代出土于河南郸城县竹凯店的一座砖室中。该坐榻系青色石灰岩雕刻而成,平面呈长方形,四角有曲尺状足,长八十七点五厘米、宽七十二厘米、高十九厘米。榻面刻有隶书一行"汉故博士常山大(太)傅王君坐榻"。

汉榻从形式上有屏榻、连榻、独坐榻三种形式。如河北望都二号汉墓出土的石榻、南京大学北园晋墓出土的小榻、南京象山七号晋墓出土的陶榻等。它们有正方形和长方形两种,按形象和尺寸分析,都是仅供一人使用的独坐榻。

南北朝时期的榻

汉代以后,"床"一般专指睡觉用的卧具,"榻"就成为供休息和待客所用的特定坐具。魏晋时期的榻,形式无多大变化,只是较前应用更普遍,已成为很普通的坐具了。

南北朝时期榻的形式,大体有独坐榻、帐榻和围屏式榻三种。在南北朝时期,榻开始向宽向高发展,使用的方式也趋于多样化。榻上不仅可以放置供数人用餐、会客的樽、案、凭几等,还可以弈棋、弹琴和书画。如在北齐《校书图》的校书画面中,榻上除坐有四人校书外,还备有凭几、隐囊(一种可供靠倚休息的皮囊形软体用具)、食具、文具和长琴等,而且还显得绰绰有余。随着帐榻的流行,我们获得了南北朝时期留下的支立榻帐的帷帐座。

这时期人们坐的姿势也有所变化,更多的不是采用跪坐形式,而是两腿朝前向里交盘屈的箕踞式了。随着高足坐具的逐渐普及,人们的坐姿也逐渐向垂足转

变。东晋顾恺之《女史箴图》中有两人坐在架床上对语,其中一人就取垂足而坐的姿势。

隋唐五代的榻

隋唐五代时期的榻,形体都较宽大。如近年在江苏邗江县杨庙乡蔡庄出土的四件五代时期的木榻,长一点八米,宽零点九二米,高零点五米,与现代单人床的尺寸相仿。又如,山东嘉祥英山一号隋墓壁画《徐侍郎夫妇宴享行乐图》中的坐榻,两人坐在榻上,身边辅以条几、隐枕,前面还放着盛满果品的豆;五代顾闳中《韩熙载夜宴图》中画有两件榻,其中一床五人共坐仍绰绰有余,形体之大可以想见。两件榻的形体大致一样,左、右、后三面安装有较高的围板,正面两侧各安一独板扶手,中间留门以容上下。五代以前的榻,大多无围,只有供睡觉的床才多带围子。《韩熙载夜宴图》中的榻实际已属作为卧具的床。

宋榻

专用坐具的榻在隋唐时期开始减少,尤其是独坐榻在五代以后已很少见到,床与榻的分工也越来越明显。

两宋时期的榻大体还保留着唐、五代时的遗风,变化不大,大多无围子。如宋代李公麟《高会学琴图》和《维摩像》中的坐榻,宋《梧阴清暇图》中的坐榻,以及宋人《白描大士图》中所绘的榻,均无围栏。使用这种无围的榻,一般须使用凭几和腋下几作为辅助家具。

辽金木床

辽与北宋、金与南宋,同处一个时代,然而,辽金的家具生产却比中原地区有所发展。单就床榻而言,就有内蒙古翁牛特旗解放营子出土的辽代木床、山西襄汾南董金墓木床、山西大同金代阎德源墓出土的木床等。

这些木床是作为明器随葬入墓的,所以制作较为粗糙,但床上都装有栏杆和围板。从历史上看,汉代胡床由北国胡人所创,欹床(一种带活动靠背的坐具)为三国时曹操所创,栏杆床榻以北方辽、金为多。由此看来,高足家具的演变和发展是从北向南传播,而后在中原地区得到技艺的提高和普及使用。

辽、金时期发展的三面或四面围栏床榻,发展到明代更为盛行。

明代床

明代床榻大体可分为架子床、拔步床、罗汉床三种。

架子床的做法通常是四角安立柱，床顶起盖，俗谓"承尘"。顶盖四围装楣板和倒挂牙子。床面的两侧和后面装有围栏，多用小木料做榫拼接成各种几何花样。因为床上有顶架，故名"架子床"。

明代的架子床，有的在床的正面自床面起多加两根立柱，以便在床正面的两边各安方形栏板一块，即"门围子"，正中无围处便是上床的门户。也有的在床的正面用小木板加工成如意头，每四个一组，外加"十"字形木件，拼接成大面积的棂子板，中间留出圆形的月洞门。围栏和楣板也以同样方法做成。还有的架子床四周床牙还浮雕有螭虎龙等花纹，整个床做工精美，清雅别致。

架子床的床屉多用棕绳编成，有的上面还敷以藤席。棕屉的做法是在大边的里沿起槽打眼，把棕绳头用竹楔镶入眼内，然后用木条盖住边槽。这种床屉使用起来比较舒适，在南方直到现在还很受欢迎。北方因气候条件的关系，人们喜欢用厚而软的铺垫，床屉大多用木板制作。

拔步床是一种造型奇特的床，从外形看，好像把架子床安放在一个木制平台上。平台长出床的前沿七十至一百厘米，平台四角立柱镶以木制围栏。有的拔步床还在两边安上窗户，使床前形成一个小廊子，廊子两侧放些桌凳等小型家具，用以放置杂物。

拔步床虽在室内使用，却很像一幢独立的小屋子。这种床式多见于南方，南方温暖而多蚊蝇，床架的作用为了便于挂帐子。近年在上海的潘氏墓、河北阜城廖氏墓、苏州虎丘王氏墓都出土有明代架子床的拔步床模型。

罗汉床是指左右和后面装有围栏，但不带床架的一种床。围栏多用小木做榫攒接而成，最简单地用三块板做成。围栏两端做出阶梯软圆角，既朴实又典雅。

罗汉床的形制有大有小，通常把较大的称床，较小的称榻。如所谓的"弥勒榻"，就是指一种专门用于坐的较小的罗汉床。这种弥勒榻在明清两代的皇宫和王府的殿堂里都有陈设，一般都是单独陈设在正殿明间，近代人们多称它为"宝座"，和屏风、香几、宫扇等组合陈设，显得异常庄严肃穆。

大罗汉床既可供卧，亦可供坐。床上正中放一炕几，两边铺设坐褥、隐枕，放在厅堂待客，作用相当于现代的沙发。床上的炕几，既可依凭，又可放置杯盘茶具，作用犹如现代的茶几。罗汉床是一种坐卧两用的家具，一般在寝室供卧叫"床"，在客厅待客则称"榻"，是厅堂中十分讲究的家具。

清代床

清代床榻在康熙朝以前,大体保留着明代的风格和特点。随着清初手工艺技术的发展和统治阶级的生活日趋奢靡腐化,到了乾隆时期,清代床榻发生了很大变化,形成了独特的清式风格。

清式床榻的特点是用材厚重,装饰华丽,与明代床榻的"用料合理、朴素大方、坚固耐用"形成鲜明的对比。为了体现清王朝的鼎盛和安定,床榻制作力求繁缛多致,不惜耗费工时和剖用大材。如故宫收藏的一件清代紫檀木架子床,不仅用料粗壮,形体高大,而且四足及牙板、床柱、围栏、上楣板等全部镂雕云龙花纹,床顶还安装有近四十厘米高的紫檀木雕云龙纹毗卢帽,工艺相当复杂、精湛。从整体来看,既玲珑剔透,又恢宏壮观,给人以一种庄严华丽之感。

清代平常的架子床也和前代不同,除左、右、后三面装围栏外,还多在正面做垂花门,用厚十厘米的木板镂雕成菱花纹或"松竹梅"、"葫芦万代"等寓意富贵、长寿、多子多孙的吉祥图案。还有的床不用四足,而用两个较矮的长条木柜支撑床屉,以便充分利用床下空间存贮日用什物。

还有一种床柜,做法是先做成相当于床面长、宽、高度的上开盖柜,然后在左、右、后三面装上床围子,就成为罗汉床的形式了。柜内可以存放毡毯被褥。床柜白天可以当榻待客,晚上即是卧具床,是清代床榻中较为新奇的一种。

清代罗汉床和榻的围栏大多采用雕花式或装板镶嵌式,用小木件攒接的不多。镶嵌的多以玉石、玛瑙、瓷片、大理石、螺钿、珐琅、竹木牙雕等为材料。装饰题材也很广泛,有各种山水风景、树石花卉、鸟兽、各种人物故事及龙凤、海水山崖等,可谓琳琅满目。这些经过精心雕饰的床榻,大都比较娇嫩,在使用上不及明式床榻实惠。

清式床榻为追求豪华、艳丽的效果,往往显得雕饰太繁,加之多采用镂雕和深雕的手法,又必然造成积尘难拭的弊病。镶嵌的床榻多采用凸嵌法,同样有以上的弊病,而且日久天长嵌件脱落,又会进一步影响外观。

清代常见的还有金漆彩画式床榻。

桌子,是现代人们日常生活必备的家具。追溯我国家居桌子发生与发展的历史,最早可联系到具有桌子功能的几与案。

汉代几案

我国家具的发展,大致可分为两个阶段,即前期低型家具时期和后期高型家具时期。我国两汉时代正处于低型家具时期,普遍的坐具是床、榻,与之相适应的家具就是低矮的几和案。

汉代几案

汉代人们普遍生活方式是席地而坐。当时日常生活的各个方面,如宴饮、读书、写字、办公、谒见、讲学、会客等,都是在席、榻、床上进行的。当时以跪坐为主的人体活动,低型的几与案在功能尺度上就能满足人们的使用要求,无须设置高型的桌子。可以概括地说,汉代是几与案的世界。

古代的几分曲几和直几两种。曲几的形制,据考古发现,为弧形条状,下有三足支撑,其功用同现代椅子上的扶手和靠背相同。古人席地而坐,累了就扶靠在曲几上,叫"凭几"或"隐几"。古代老人居则凭几,行则携杖,故古籍中往往几杖并称。直几则出现较晚,一般由三块木板榫接而成,其中一块长条形木板为几面,另外两块木板竖立为几足。直几的形制和曲几完全不同,颇似现今的茶几,供人们吃饭、看书写字、搁置物件等用。

汉代几案

案分食案和书案。食案是送食物的托盘,或作长方形,四矮足;或作圆形,三矮足。食案可以放置在地上。《后汉书·梁鸿传》中说:"鸿为人凭舂,每归,妻为具食,不敢于鸿前仰视,举案齐眉。"这里所说的案即指食案。《史记·田叔列传》:"高祖过赵,赵王张敖自持案进食,礼甚恭。"张敖所持的案是小型食案。《盐铁论·国疾篇》:"文杯画案,机席缉蹋。"这里所说的是华丽的食案和书案。

书案是一种长形的矮桌子,两端有宽足向内曲成弧形。《东宫旧事》:"皇太子纳妃,初拜有漆金度足奏案一枚。"

奏案、书案,一般都是放置在人的前方以供办公书写所用。例如《三国志》裴注引《江表传》:"曹公平荆州,欲伐吴。张昭等皆劝迎曹公,唯周瑜、鲁肃陈拒北之计,孙权拔刀斫前奏案曰:'诸将吏敢复有言当迎操者,与此案同。'"张敞捧案、孙权斫案、"举案齐眉"、"文牍盈案"、"伏案疾书",等等,反映了当时的社会,从城市到农村,从帝王到百姓,都使用着各种低型的案与几。

在我国出土的许多汉代画像石、画像砖以及墓室壁画中,反映汉代各种生活场面的居室图、宴饮图、庖厨图、祭祀图等的画面上,也有各种类型的几案的写实形象。如四川成都近郊出土的宴饮画像砖,画面上七人分三组坐于席上,席前设方案、长案各一,酒樽、耳杯、勺、盘罗列左右。此处的两种案,都是食案。

又如沂南画像石墓,前室西壁上横额为一幅祭祀图。祭品摆成三行,前排是两个三足圆案,一个上放两条鱼,一个上放两盘果品或面食制品。中排是两个长方案,每一案上分列放着十个耳杯。这里的圆案、长方案也都是食案。

汉代的食案很矮,一般高为八至二十厘米,这与后期高型家具桌子有很大的区别。

从在各地出土的汉画像砖、石上反映的情况看,汉代的几多采用曲足横跗式。如沂南画像石墓后室南壁承过梁的隔墙壁刻,最上面就是一件几,此几在当时生活中就是墓主人使用的书案。长方形案面,下为曲足横跗,每边四曲栅式腿,下连波形横跗,整个书案涂以漆饰。这与梁简文帝的《书案铭》中所描写的"刻香镂彩,纤银卷足"、"漆华映紫,画制舒综"可以相互印证。从这件书案与周围家具尺度相比较可以看出,其高度比食案高,以便人们伏案疾书或阅览简册。

又如山东滕县西户口出土一块画像石,内容很丰富,最上一层中刻主人,身前横置一曲足横别的书案,此书案尺寸很大,从与人体相互关系推测,书案长在一百厘米以上,高三十至三十五厘米。

在两汉的墓葬中,出土了很多种类的几案实物和明器。就材质

汉代几案

分,有木案、漆案、铜案、石案、陶案等;就纹饰分,有素案、彩绘案等;就功能分,有食案、书几、奏案等;就形制分,有长案、圆案、单案、叠案等。总之,作为汉代日常生活家具的食案,几乎每座汉墓都有出土,具有一定的普遍性。

如广州东郊沙河东汉墓出土了三件铜食案,一件为长方形铜案,长七十四厘米、宽四十五点九厘米、高十五厘米,四腿,作兽足状。顶端方榫与案面相交,交接处,案面局部加厚。案面有拦水线,上面满饰动物、器物、几何纹样。中央一组类似如意云头的四

汉代几案

叶纹,两旁各为一耳杯纹,耳杯作俯视图状,比例准确。四周作菱形回纹及三角形纹饰带。外为自由构图的动物纹样,有鱼、鸡、飞鸟、仙兽等穿插错落环于四周。外圈饰以菱形回纹与三角形图案纹带。拦水线的部位则饰以连续的"S"形纹。整个器形十分完整。

其他两件为圆形案,出土时置于长方案的两侧,一残缺,一完好。案面直径四十厘米、高八点六厘米,三腿,亦作兽足状。案面亦有拦水线,但纹饰很少,仅在拦水面刻有连续的"S"纹。出土时上有铜耳杯锈蚀印迹六个,排成半环形。

从这组铜案的出土得知,在汉代食案的使用不仅有大小的配套,还有方圆的配套。

汉代书案,或简称"几",出土实物不多,远没有食案出土的普遍。这与汉代明器陪葬风俗习惯有关。食案作为食品祭供的配套家具是紧密联系在一起的,每座葬墓几乎都有食物或象征食物的食用器皿的祭供,所以也就几乎墓墓都有食案出土。作为放置简册的书案,因为简册书籍不是对死者祭供的常见内容,所以书案在汉代明器或陪葬实物中就很少见。

在甘肃武威磨咀子二十二号汉墓出土有一件木质书案,案长九十七点五厘米、宽十二点五厘米、残高三十厘米。案面在安装腿子部分加厚,用以增加强度。腿为曲足,下失横跗。如果加上横跗,此书案总高在三十至三十五厘米左右。同地六十二号汉墓也出土了一件木质书案,案长一百一十七厘米、宽十九厘米、残高二十六厘米。两端各三根曲足,下有曲形横跗。这是汉代几(书案)的典型式样。山东滕县西户口汉画像石上的书案,就是这种书案的正投影图。

从出土的汉代木质书案可以知道，早期民用几的宽度比较小约在十二至二十四厘米，用汉代尺来说就是半尺到一尺左右，其高度约在三十至四十厘米，这正是低型家具的典型特征，与唐以后出现的桌类家具完全不同。

唐代桌

作为高型家具代表之一的桌子，在我国出现当在隋唐之际。

最早桌子的"桌"字写作"卓"，有卓然高玄的意思，指出了这种新型家具"高"的突出特征。到目前为止，唐代桌子在国内尚未发现有实物传世，也很少有明器出土。但在敦煌的唐代壁画上，可以看到我国较早的桌子形象。

敦煌四百七十三窟绘有一幅唐宴饮图，在帷幄内中置长桌，四侧垂有裙围，上陈酒肴，两侧列长凳，男女数人，分列左右。甘肃榆林万佛峡唐窟壁画上，也有类似的长桌。

敦煌八十五窟绘有一幅唐屠师图，图中画有方桌两张，方桌四腿，腿间无撑，桌面方整。桌高与屠师身体相比，尺度已与后世的方桌相似。

五代桌

五代孟蜀广政二十二年（959年），广元皇泽寺新庙记石碑碑阴题记中有"全漆卓子四只"之句。五代王齐翰的《勘书图》上，在主人坐椅前面安置有一张桌子，四方腿，腿间连以方撑，每一腿两方向的撑子高低错开，这是所能看到较早的"赶撑"做法。桌面长方，桌面边侧四角似有金属包角或类似包角的彩饰。从图上桌与椅的关系看，此桌的高度略低于宋代的桌子，这也许或多或少带有一些过渡性质。

中华文化撷萃丛书

宋代桌

据尚秉和的《历代社会风俗事物考》的考证，我国正式出现"桌子"这一名称是在宋朝。考证说："桌子之名，始见于杨亿《谈苑》。《谈苑》云：'咸平景德中，主家造檀香倚卓，言卓然而高可倚也。'《五灯会元·张九成传》：'公子推翻桌子。'观《谈苑》记其名兼释其义，可见宋以前无此物，为主家所新创也。故其字《谈苑》从卓,《五灯会元》作桌。《五灯会元》为南宋沙门济川作,用卓既久,遂以意造为桌子。"

到了宋代,桌子的使用逐渐普及,从而得到了很大的发展。

在宋代的墓葬和画像砖中保存了有关的资料。河南白沙宋墓有一幅反映墓主生活的开芳宴壁画,夫妇坐在靠背椅子上,脚登脚踏相向而坐,中间置一高桌,上摆注子、杯子等酒具。画中的桌虽为一正"侧视图",但结构却表现得十分具体,桌呈长方形,四腿,短边两腿间连以双撑,长边腿间应是连以单根撑子。长边腿间桌面下有素牙板,腿外侧有牙头板。此壁画上的桌椅和一桌二椅式的布局,在宋代墓的壁画上具有代表性。

在河南偃师酒流沟出土的宋代画像砖《切鲙图》上,更具体地反映了北宋桌子的结构和造型特点。这是一件方桌,桌面为四十五度格角榫攒边做法,四腿,腿间为单撑,上端有牙头板,造型很简洁,桌高已达到了适用的尺度。

二十世纪初在河北巨鹿出土了一件有"崇宁三年"题款的宋桌,是很珍贵的传世遗物。此桌面长八十七点五厘米、宽六十九厘米、高八十四点四厘米。桌面长方形,四角为四十五度格角榫攒边做法,桌心板下有托撑,四腿,长边腿间连以单撑,上有牙条板,腿外侧有牙头板。短边腿间连以双撑。桌子简朴无华,为宋代民间实用家具。我国的桌子经过隋唐五代的发展演变,到了宋代趋向定型和普及。著名的张择端《清明上河图》充分地再现了宋代市民使用桌凳的生活图景。

明清桌

明清时期是我国桌子发展的一个繁盛阶段,出现了画桌、方桌、一字桌、抽屉桌、八仙桌、圆桌等多种式样,而且做工精细,有的还雕以花纹。

画桌在明清时期较为常见,可以说是汉代几案的一种直接发展形式。如有一件明代紫檀灵芝纹画桌,桌面攒框装板,有束腰及牙子,四足向外弯出后又向内兜转,足下有横材相连,横材中还翻出由灵芝纹组成的云头。整体造型实际上是汲取了带卷足的几形结构。画桌除桌面外,四周遍雕灵芝纹,刀工圆浑,朵朵丰满,随意生发,交互复叠,各尽其态。明清时期方桌的常见形式是"一腿三牙罗锅枨"。所谓的"一腿三牙",是指四条腿中的任何一条都和三个牙子相交。三个牙子即两侧的两根长牙条和桌角的一块牙头。所谓的"罗锅枨",即安在长牙条下面的枨子。明清抽屉桌的式样与我们今日的抽屉桌很相似。明清的八仙桌是方桌的一种,均指可围坐八人的方桌，一般桌的宽长在一米左右。

明清时期桌了的风格，给人的印象是，既重实用，结构简练淳厚，又注意装饰，也有精美繁缛的雕刻。

概说

椅的形象可上溯到汉魏时传入的北方"胡床"，胡床在寺庙中常用于坐禅，故又称"禅床"。

胡床在魏晋南北朝至隋唐时期使用较广，有权势的人家不仅居室必备，就是出行时还要由侍从扛着胡床跟随左右，以备临时休息之用。隋高祖忌"胡"字，改称"交床"。交床在唐宋改称"交椅"，十分盛行。"椅"，也作"倚"。"椅"字在唐以前有两种解释，一是为一种树木的名称，一是指车上的围栏，作为乘车时的依靠。后世椅子的形式就是受车旁围栏的启发而形成的。

从现存资料看，唐代椅子已相当讲究，如五代郎余令《历代帝王像》中唐太宗所坐的椅子就十分精制，坐面后部立四柱，中间两柱稍高，上装弧形横梁，两端长出部分雕成龙头。扶手由后中柱通过边柱向前兜转搭在前立柱上，扶手与坐面中间空当嵌圈口花牙。扶手尽端亦雕成龙头，与后背搭脑融为一体。坐面附软垫和衬背。

五代至宋，高型坐具空前普及，椅的形式也多了起来，出现了靠背椅、扶手椅、圈椅等新的形制。明代是中国家具艺术发展的成熟时期，椅子类型丰富多彩，有了宝座、交椅、圈椅、官帽椅、靠背椅、玫瑰椅等多种形制。清代由于手工业技术的发展，椅子出现了雕饰，成为家具中的珍品。

宝座和交椅

宝座是皇宫中特制的大椅，造型结构仿

椅

床榻做法。宝座一般陈设在皇宫、皇家园林和行宫里，为皇帝和后妃们所专用。一般人家也有宝座，大多单独陈设在厅堂中心或其他显要位置。

交椅即"胡床"形制为前后两腿交叉，交接点作轴，上横梁穿绳代坐面。在坐面后角上安装弧形栲栳圈，正中有背板支撑，人坐其上可以后靠。交椅是室内等级较高的陈设。

交椅不仅陈设室内，外出时亦可携带。宋、元、明、清各代，皇室官员和富户人家外出巡游、狩猎都携带交椅。

圈椅

圈椅是由交椅演变而来。交椅的椅圈自搭脑部位伸向两侧，然后又向前顺势而下，尽端形成扶手。人在就座时，两手、两肘、两臂一并得到支撑，很舒适，逐渐发展为专在室内使用的坐椅。由于在室内陈设相对稳定，无须使用交叉腿，故而采用四足。交椅在厅堂陈设及使用大多成对，单独使用的不多。

明代晚期，出现一种坐面以下采用鼓腿膨牙带托泥的圈椅。明代圈椅的椅式极受世人推崇，以至人们把圈椅亦称为太师椅。

圈椅

官帽椅和玫瑰式椅。

官帽椅是依其造型酷似古代官员的帽子而得名。官帽椅分南官帽椅和四出头式官帽椅。

南官帽椅的造型特点是在椅背立柱与搭脑的衔接处做出软圆角，背板做成"S"形曲线，一般用一块整板做成。明末清初出现木框镶板做法，由于木框带弯，板心多由几块拼接，中间装横枨。

四出头式官帽椅与南官帽椅的不同之处是在椅背搭脑和扶手的拐角处不是做成软圆角，而是在通过立柱后继续向前探出，尽端微向外撇，并削出光润的圆头。背板全用整块木板刮磨成"S"形曲背。

玫瑰式椅实际是南官帽椅的一种，它的椅背通常低于其他各式椅子，和扶手的高度相差无几。玫瑰椅多用黄花梨木或鸡翅木制作，一般不用紫檀或红木。玫瑰椅在北京匠师们中流传较广，南方称其为"文椅"。

靠背椅是只有后背而无扶手的椅子,分为一统碑式和灯挂式两种。

一统碑式的椅背搭脑与南官帽椅的形式完全一样,灯挂式椅的靠背与四出头式一样,因此两端长出柱头,又微向上翘,犹如挑灯的灯杆,因此名为"灯挂椅"。一般情况下,靠背椅的椅形较官帽椅略小。

凳子的出现和椅子大体同时,至迟在魏晋时期,我国家居生活已经开始使用凳子。

魏晋时流行一种圆墩的坐具,形式为两端大、中间细,上下为平面。南北朝时,开始出现加以朱黑髹漆和金银彩绘的圆墩,在洛阳龙门莲花洞石刻中可以看到这种圆墩的具体形象。

圆凳

唐代中期以后,凳的类型增多。在宋摹唐周昉《挥扇仕女图》中还可看到一种月牙凳,凳的腿与腿之间的边牙上钉有金属环,每环各结彩带一束,使家具显得异常精美。

在五代,坐墩又出现了一种两端小中间大的花鼓形式,使用时上面再覆以绣花软垫,名"绣墩"。宫中妇女及舞乐歌女都常使用这种坐具。

宋代坐墩制作最精、装饰最华丽的当推宋苏汉臣《秋庭婴戏图》中描绘的彩漆坐墩,坐墩形体宽大,呈扁椭圆形,周围开出竖向椭圆孔七个,椭圆形透孔与坐墩整体的扁椭圆形形成横竖反衬,使之显得敦实稳重。

七孔的边口正好形成七条弧形腿足。椭圆形透孔与坐墩整体的扁椭圆形形成横竖反衬,使之显得敦实稳重。

明代凳子有方形、长方形和圆形多种形式,清代又增加了梅花形、桃形、六角形、八角形和海棠形,使中国传统凳的造型丰富多彩。

类型

从造型而言,中国传统凳大体可以分为方形和圆形两大类。在方形凳中,长宽之比差距不大的,一般统称为方凳;长宽之比差距明显的称春凳,其长度可供两人并坐;长宽悬殊的称条凳。方凳在制作造型上还有无束腰裹腿、束腰弯腿、镶珐琅、滚凳等多种式样。

圆凳有束腰和无束腰两种。无束腰圆凳采用在腿的顶端作榫,直接承托坐面。与方凳不同之处是不受方面四腿的限制,可以做成三腿,也可做成八腿。

绣墩是圆凳中的一种,做成两端小、中间大的腰鼓形,两端各雕云纹和象征固定鼓皮的乳钉,故又名"花鼓墩"。为提携方便,有的在腰间两面钉环,或在中间开出四个海棠式透孔。

明清时期的绣墩除木制外,还有蒲草编织、竹藤编织的,也有以瓷、雕漆、彩漆等材质制成。使用时不同季节用不同坐墩,冬季使用蒲墩,夏季使用藤墩,并根据不同季节铺以不同软垫和刺绣精美花纹的坐套。

屏风

屏风的起源

屏风是我国室内传统的器具之一。屏风,古代称之为"扆(yǐ椅)",也写作"依",即设在户牖之间"可以屏障风也"。新、旧《辞海》上载有"黼(fú府)扆"、"斧扆"、"斧依",都是一个意思,指的是古代帝王使用的屏风,因上有斧形花纹,故名。

我国古代建筑大都是土木结构的院落形式,不如今日的钢筋水泥房屋那么严谨。为了挡风,古人开始制造屏风。除了挡风之外,屏风还是建筑物中可以移动的精巧隔断。在床后或座后安置屏风,还可作为倚靠或挂置什物之用。在古代帝王宝座后安置的雕龙髹金屏风,不仅可以御风,还能增加御座庄重肃穆的气氛。由于屏风常常摆设在室内明显的位置上,古来都重视对屏风的美化和装饰,使之逐渐发展成为我国传统的具有实用价值的一种著名手工艺品。

我国在室内安置屏风由来远久。《史记·孟尝君传》记载："孟尝君待客坐语，而屏风后常有侍史，主记君所与客语。"说明至迟在春秋战国时代，我国就使用屏风了。文物考古也证明了这一点。公元前五世纪至四世纪，在今河北省中部临近太行山一带，有个中山国。1974年以来，文物工作者在中山国故城灵寿城西发掘了一座古墓，出土了丰富的珍贵文物，其中有三件青铜器是屏风插座。这三件是错金银铜虎噬鹿、错金银铜犀、错金银铜牛。尤以错金银铜虎噬鹿为最好，此屏风插座长五十一厘米，高二十一点九厘米，重二十六点六千克。虎和鹿周身错金银纹饰，光泽闪烁，黄白辉映，形象逼真，栩栩如生。在成套出土的虎、犀、牛背部均有一个长方形的兽面纹銎，銎内尚有木榫。这三件插座恰好构成一个屏风座足。

屏风

古代屏风，设在堂室门外的，称"罘罳"。《礼记·释名·释宫室》："罘在门外。"其结构与装置同室内屏风大体相似。《荀子·大略》称"天子外屏，诸侯内屏"，记述了最初内外屏风使用的等级区别。

伊世珍辑《琅嬛记》中记叙了南唐时一个关于屏风的故事。一次南唐后主李煜"坐碧落宫，召冯延巳议事，至宫门逡巡不进。后主使使促之，延巳云：'有宫娥着青红锦袍当门而立，故不敢径进。'使随共行谛视，乃八尺琉璃屏画夷光独立图也，问之，董源笔也。"这种在迎门外安设屏风的做法，后来一直沿用下来。在我国传统的审美观念中，很注重"含蓄"，对建筑物内部，尤其是游玩和宴会的场所，最忌一进门就把里面的事物一览无遗。随着斗拱的进一步发展，建筑物内部空间越来越高大，这一问题就更显得突出。因此，就采取了在迎门设置屏风的办法。人们进门后先看到屏风，待到绕过它去才能进一步看清室内陈设情景，这样一掩一扩，便会使来客产生别有洞天之感。同时，把制作精美的屏风迎门陈设，本身也起着装饰作用。

屏风的制作，一般采用木或竹做边框，蒙上丝织品或镶木板作为屏面，用石、陶或金属等材料做底座或屏足。屏面饰以各种彩绘，或镶嵌不同题材的图画，也有全素的屏风。帝王贵族们使用的屏风，用材尤其珍贵，做工精细，画面丰富多彩，瑰丽夺目。这些屏风价值连城，多为统治阶级专用的奢侈品，所以《盐铁论·散不足》写道："一杯棬用百人之力，一屏风就万人之功。"

我国古代屏风名目繁多，按结构分，有插屏、围屏、挂屏等；按材料分，有玉屏、漆屏、云母屏、琉璃屏、龟甲屏、珐琅屏、象牙屏等；按使用的位置分，有厅堂屏、座屏、床屏等；按装饰分，有画屏、寿屏、素屏等。

插屏

插屏多是单扇屏，下设足座，上立板屏。插屏是我国早期屏风的主要类型。我国最早的插屏于 1972 年出土于湖南长沙马王堆一号汉墓，这可以说是至今见到的我国最早最完整的屏风实物。这是一具彩绘漆插屏，木胎，长方形，通高六十二厘米。屏板长七十二厘米，宽五十八厘米，厚二点五厘米。屏板下安有两个承托的足座。屏面髹漆，背面红漆地上满绘浅绿色油彩，中心绘一谷纹圆璧，周围绘几何形方连纹，边缘髹黑漆地，朱绘菱形图案。正面髹黑漆地，以红、绿、灰三色油彩绘云纹和龙纹。但见一条游龙飞舞于长空之中，昂首张口，腾云遣雾，体态轻盈矫健，形象神奇生动，极富想像力和艺术魅力。绿色龙身，丹赤鳞和爪，边缘菱形图案呈朱红色，色调醒目鲜艳，画工技巧高超，落笔潇洒利落，刚柔结合，奔放有力。

五代顾闳中的《韩熙载夜宴图》，画出了当时官僚家庭中使用的桌椅床各种家具，配合桌椅和大床，屏风的使用也更加普遍。画中有三架大插屏，画家巧妙地利用它们作为分隔画面的展障，同时也反映出现实生活中屏风的用法。三架屏风形制相同，屏体高大，屏心画有松石花树或山水。屏面插立在带有抱鼓状的屏座上，这和汉代插屏的形制已经有了很大不同，它开了宋元以后流行的屏风式样的先河。自汉以后，插屏相沿不衰，直至明清。

围屏

挡风和屏蔽是屏风的主要功能。古代建筑，由于用材、技术水平等方面的限制，常常是一座建筑有多种功能。为了适应起居、会客、宴饮等不同要求改变室内的布局，需要随时将室内的空间按需要重新分割。这种分割,主要是用可以及时设张或撤除的屏风,配合悬于梁枋的帐幔来完成的。于是,围屏便应运而生。

围屏由多扇屏组成,少的由二扇屏和三扇屏组成,多的由四扇、六扇、八扇屏相连组成一个平整的板壁,可以折叠,可宽可窄,可以随意移动,十分方便。

五代十国时,南唐画家王齐翰的名作《勘书图》,画面主体背景是一座带屏足的三折扇围屏,上绘山水画图,画中主人坐在屏前桌旁勘书挑耳,曲尽形神之妙。故宫博物院所藏的一幅宋画《十八学士图》,画上有一架六折扇围屏,屏上也绘山水画,屏前围坐有三人。

在明代万历年间增编的《鲁班经匠家镜》中,记载有一种明代田字格八扇围屏的做法。这种田字格围屏是指每一扇屏都采用田字结构,将纵横的木棖构成方孔格子,然后两面糊以屏风纸绢。这一件八扇围屏,折叠在一起,共厚十三点三厘米。

后汉李尤的《屏风铭》扼要地道出了围屏的特点:"舍则潜避,用则设张。立必端直,处必廉方。雍阏风邪,雾露是抗。奉上蔽下,不失其常。"

座屏

座屏,即是在座椅的一面或三面安置屏风以遮挡。从所见的资料来看,座屏分别固定于座椅上和活动式两种,一般以活动式为普遍。活动式座屏多安放在座椅之后,用插屏和围屏均可。

在北魏司马金龙墓的漆屏画上,所画的就是一种固定于座椅上的三面座屏。在其中的《卫灵公》与《灵公夫人》等画面中,都在一人独坐的床榻后部和左右两侧安有屏风。

在宋代墓的壁画中,也有座屏的

例子。如河南禹县白沙发现的北宋元符二年（1099年）赵太翁墓前室的西壁，画着墓主人夫妇开芳宴的场面：在隔桌对坐的夫妇二人身后都安放有一架插屏，屏额和屏柱是蓝色的，拐角处画着黄色的拐角叶，似模拟实物上的铜饰件。屏心淡蓝色，满绘流动的水波纹。看来这种一桌二椅对坐，身后安放屏风的室内陈设，流行于当时中小地主家庭中。

传说中国封建皇帝御座后安置龙水座屏起源于宋。据《图画见闻志》载，宋仁宗时任从在"金明池水心殿御座屏扆，画出水金龙，势力遒怪"。又说，宋真宗时荀信"天禧中尝被旨画会灵观御座扆屏看水龙，妙绝一时，后移入禁中"。金代皇帝沿袭宋习，在御座后安放龙水大屏风。后来，龙成为封建帝王的象征，所以用龙为主要装饰图案的屏风，一直沿用到清代，直到封建王朝从中国历史上消失为止。在故宫博物院里，可以看到皇帝御座后面一般都陈设着龙纹屏风。《故宫博物院藏工艺品选》中著录有一件"紫檀嵌黄杨木雕云龙屏风"，高达三点零六米，全宽三点五六米，由三扇屏板接成，看去恰似一条金龙在乌云中盘旋飞舞，显得雄伟壮观，代表着封建皇帝的威仪。在清代，慈禧的座后也置有座屏，屏画以孔雀和松木为图案。此外，紫禁城内外朝各殿的中心，内庭各宫的正间，都设屏风宝座，专供皇帝和后妃们使用。这些屏风大小不一，有三扇、五扇、七扇、九扇等，使用木雕、木镶嵌、金漆彩绘、雕漆等不同的工艺制作。

床屏和挂屏

床屏大概是座屏的延伸和发展。同座屏一样，床屏一般安置在床的一面或三面，或用插屏，或用围屏，可以随意移动。

在汉代就有床屏出现。如山东安邱汉代的画像石上，刻有一人凭几坐在床上，一手持扇。床的左右两侧围以屏风，而且在身后屏风的右面，还安装着一个武器架子，架上放着四把刀剑。

北魏司马金龙的墓中，发现了一件已经朽毁的床屏，只有五块屏板还比较完整，板高约八十厘米。与屏板一起出土的还有四件浅灰色细砂石精雕的小柱础，看来是屏风的础座，高约十六点五厘米。如把屏板和石础插合成器，看来是一件一百三十二厘米长的床屏。当时可供人睡卧的床榻，

挂屏

一般长约一点二米，宽约零点五至零点六米。出土的屏板每块宽约零点二米左右，遮住床后约需用六块板拼连，两侧各需三块，正好与席的长宽度相符。床屏使用的历史很长，在清代的宫廷中，仍可看到多处使用床屏。为了美化居室，又出现了能悬挂在墙上的挂屏。挂屏的使用不很普遍，我们只能在清宫中看到这种挂屏。

画屏和素屏

屏风又按绘图与否，分画屏和素屏。屏风是居室主要的家具，常放置于室内明显的位置。为了增加室内的美观，就在屏板上进行图画装饰。在西汉的宫廷里，曾使用过用云母、琉璃、玉和龟甲镶嵌成精美华丽图画的云母屏风、琉璃屏风、杂玉龟甲屏风。当时，民间一般的做法是在漆木或绢帛的屏面上彩绘各种图画。如传说三国时，吴兴人曹不兴为孙权画屏风，曾"误落笔点素，因就成蝇状。权（孙权）疑其真，以手弹之"。

画屏

中华文化撷萃丛书

092

古代屏风画的题材，在汉魏时多画历史故事，以及贤臣、烈女、瑞应等内容。据《汉书·叙传》记载，西汉宫廷中御座所施屏风，有"画纣踞妲己作长夜之乐"的，也有"图画列女"的。崔豹《古今注》卷下说，东吴孙亮曾作琉璃屏风，镂作瑞应图一百二十种。这种题材的屏风画，两晋南北朝时依然沿袭。《邺中记》说石虎作了一架"金银钮屈膝屏风"，高矮可以随意伸缩，最高可达二百六十厘米，次则二百厘米，也可屈缩到一百三十厘米，"衣以白缣，画义士、仙人、禽兽之像，赞者皆三十二言"。

制作精美图画的屏风，特别是制作各种珍宝镶嵌画的屏风，耗费钱财极多，所以为当时

画屏

的仁人志士所不满。据《三国志·魏书·武帝纪》载，雄才大略的魏武帝曹操"雅性节俭，不好华丽"，他所使用的"帷帐屏风，坏则补纳"。同一书的《毛玠传》说，曹操曾以素屏风、素凭几赐给毛玠，说"君有古人之风，故赐君古人之服"。当时标榜的高雅之士，也大多喜欢简朴的素屏风。

谈到素屏风，唐代诗人白居易曾作有一首《素屏谣》。诗中有句"木为骨兮纸为面"说明到了唐代，在造纸技术提高的基础上，屏风用木为屏架，以纸糊屏面，价格低廉，又轻便实用，是一般人家欢迎的普通家具。但是，愿意保持纸屏面素白无饰的人是不多的，一般都在纸屏上，施加绘画或题字，以增加室内美观。屏面书画的内容，正像白居易诗中所说，当时流行的是"李阳冰之篆字，张旭之笔迹，边鸾之花鸟，张藻之松石"。屏风画的主要题材，已经从汉魏时占统治地位的历史故事、贤臣、烈女等转为世俗欢迎的山水花鸟。唐诗中常有吟咏这样画屏的诗句，诸如"金鹅屏风蜀山梦"、"故山多在画屏中"、"画屏金鹧鸪"，等等。那种为了说教而设计的"前代君臣事迹"等题材的图画，仅保留在宫廷的屏风上，供皇帝和大臣们引作行为的楷模。

在唐朝，宫廷勋贵起居宴乐用的屏风，仍无不力求奢华，正如白居易《素屏谣》所描绘："尔不见当今甲第与王宫，织成步障银屏风，缀珠掐钿怗云母，五金七宝相玲珑。"另外，唐代有一些屏风，屏面图案是用"夹缬"或"腊缬"法印染的，题材多为树木花草和各种动物，如"鹿草木夹缬屏风"、"鸟木石夹缬屏风"、"橡地象羊木腊缬屏风"等等，色彩鲜明，也别具情趣。中国传统画屏的内容十分广泛，除了人物画屏、山水花鸟画屏，还有松竹和花卉等画屏。此外，还有文字屏风。由于屏风具有实用和审美的双重价值，所以应用广泛，深为历代各阶层人们所喜爱，一直流传至今，且有了许多新的发展。

枕

概说

枕，俗称"枕头"。《说文》解释说："枕，卧荐首也。"即是睡眠休息垫头的用具。

枕头在我国的使用有很久的历史。《诗·陈风·泽陂》有"辗转伏枕"的诗句，《吕氏春秋·顺民》中的"身不安枕席，口不甘厚味"，都是流传千年的佳句。

在远古时代,枕多用木为之,所以字形从木。随着制陶和植棉的发明,制枕的材料就丰富了起来,有玉石、陶瓷、漆器、皮革、珍木、藤竹、竹绸、布帛等,还有名贵的琥珀、玛瑙、水晶及金银、珠宝镶嵌等品种。形状有长方形、多边形、椭圆形、元宝形、马鞍形、如意头形、兽头形、卧人形、箱囊形和建筑雕塑形等多种。名称上有龙头枕、虎枕、瓷枕、警枕、角枕、枕块、鸳鸯枕、鸡鸣枕、龟纹枕、桃花枕、菊花枕、水晶枕、药枕等。用药物填制的枕头,叫"药枕";用瓷制的枕头,称"瓷枕";做成卧虎状的枕头,叫"虎枕";用圆木做成的枕头,睡眠时容易觉醒,称为"警枕"。古代的枕头,不仅使用的材料多样,而且常有各种各样的装饰。用兽角装饰的枕头,叫"角枕"。古代丧礼中,居父母之丧,须用土块做枕头,表示极其哀痛。这种土块的枕头,称"枕块"。古时枕头的形状很像一个小箱箧,中间空,可以贮藏物品,故而珍藏于枕中的书,称"枕中书"。《越绝书·外传枕中》记载说:"以丹书帛,置于枕中,以为邦宝。"

药枕

药枕,即用中草药物填充的枕头,具有药物疗效作用。古今药枕很多,诸如:菊枕,可以明目;豆枕,可令安眠;麝枕,可安神,令人不做噩梦;磁石枕,能使人老眼不花,等等。

由于药枕对人有保健功能,晋代葛洪在《神仙传》中称为"神枕",文说:"泰山父者,时汉武帝东巡,见父锄于道,头上白光高数尺。呼问之,对曰:'有道士教臣作神枕……臣行之,转少,齿生。'"泰山父,即锄于泰山之下的老头儿。他所说的"神枕",据南朝梁人说是在枕中装"泰山之药",是一种"泰山药枕"。

据研究,我国的药枕起源于古人的枕香草风俗。枕香草的风俗由来已久。依文献考证,至晚在西汉时就已流行。司马相如作《长门赋》,即有句:"搏芬若以枕兮,席荃兰而芷香。"这里的"若",即"杜若",别称"竹叶莲",是一种香气浓郁的药草,故又称"芬若",它可以治疗虫蛇咬伤。枕此枕,既可闻香,又

药枕

备下了药物。

汉以后，以香草为枕的风俗更盛，这一一表露于文人的诗句中。南宋人范浚就有句曰"独夜不眠香草枕"；杨万里也有句曰"酴醾为枕睡为香"。

独步春，也称佛见笑。二三月开花，大朵千瓣，雪白清香。春时折入书册，至冬取出，犹有余香。其中有一种色黄似酒，故古人在其名旁加"酉"写作"酴醾"。1972年，长沙马王堆一号汉墓出土文物中有一件药枕，是我国目前所见到的最早的药枕。

药枕出土于北边箱，为长方形，长四十五厘米，高十二厘米。枕的上下两面用"信期绣"香色绢，两侧用香色红茱萸纹锦。枕的上下两侧都有用绛色镂钉成的四个十字形穿心结，两端也有十字形结，以便约束枕内填塞物。枕因长期埋藏于墓中，有的部位已经腐朽开裂。在修复中，发现枕内填塞物全为佩兰。经鉴定，佩兰为菊科植物兰草的茎叶，性平，味辛，具有解暑化湿功能。全草含挥发油，叶含香豆精、香豆酸、麝香草等成分。这一药枕的主要用途应是芳香避秽。

药枕治病的原理，至今仍为"闻香祛病"，所用辛夷、佩兰、甘松、藿香等等，多为芳香药物，都起源于古老的枕香草风俗。

虎枕

虎枕，即将枕头做成虎形。我国民间不少地方有给小孩睡老虎枕的习俗。如山西东山县一带，每当婴孩满月之时，外婆便赠送虎枕，此俗沿袭至今。

东山人说，虎枕象征着外孙（女婴不送此物）会长得虎头虎脑，像老虎一样威风，长大后将成为一员虎将。外孙枕上虎枕，就会辟邪趋吉，从小练出虎胆，什么也不怕。

我国枕虎风俗的历史很早，在考古中屡屡发现呈卧虎状的千年瓷枕。我国的典籍，至迟在晋代就可以看到有关的记载，如晋人王嘉《拾遗录》写道："三国时，魏宫中有玉虎枕，昔东汉时诛梁冀所得。云单池国所献。虎胸上有题记，云为帝辛九年献。"帝辛，即殷纣王。依此说，三千多年前已有虎枕了。但是，此说乃晋人所编造，并说纣与妲己曾共枕此枕等等，实不足凭信。但是，至少说明魏晋时已有虎枕，若作者不曾见过虎枕，很难编出这段神话来。

后来的宋人赵令畤《侯鲭录》也有记载："李广兄弟射于宜人之北，见卧虎焉，射之，一矢即毙，断其虎头为枕，示服猛也。"又云："铸铜象其形，为溲器,谓之虎子,示厌辱之。"李广为汉代一员虎将,以虎为枕,又铸虎形为溲器。看来,民间有些父母喜欢让孩子睡虎枕,希望孩子虎虎有生气的风俗,至少有两千多年了。

民间枕虎枕的习俗,不仅为"示猛",还在于辟邪。《论衡》中记有一则神话,说东海中有度朔山,山上有桃树,枝叶覆盖三千里,为众鬼所归之处。这里有两位神人,名神荼和郁垒,看守众鬼。若有为恶者,则用苇索捆之,让老虎吃掉。所以,汉代人画门神,神旁并画有猛虎。大概因了这神话的缘故,作为父母的便为小儿穿上虎头鞋,戴上虎头帽,叫小儿睡在虎枕上,这样小儿不但形象威猛,而且鬼不敢冒犯,从而得以平安。

与虎枕相类的,还有许多生肖辟邪枕。据《唐书·五行志》载,唐中宗的皇后韦后,有个妹妹,称"七妹",她很相信兽枕能辟邪,制有"豹头枕"、"白泽(一种神兽)枕"、"伏熊枕"等。据说,豹头枕可以辟邪,白泽枕可以辟魅,枕伏熊枕可多生男孩。

大约在元代,绣花枕兴起,生肖枕的形象就衍变成绣枕两头的吉祥图案。如今枕头上多绣花,人们追求的是艺术美,原始的神秘性早已消失。

瓷枕

瓷枕是用瓷土烧制的枕头。瓷枕,最早见于隋,流行于唐,大量生产于宋。宋代是我国瓷枕发展的盛期,不仅瓷枕的形制多种多样,而且出现了一些专烧瓷枕的世家。如磁州窑系的瓷枕,从枕底部标记的印字来看,有"张家枕"、"张家大枕"、"赵家造"、"王家造"、"王氏寿明"、"王氏天明"、"李家枕"、"滏阳陈家造"、"刘家造"等。由于瓷枕烧制的专业化,宋代瓷枕达到了一个相当高的水平。

1977年冬,在河南上蔡南关附近的二郎台,出土了一件宋代三彩婴孩瓷枕。枕的底部是粉白色长方形托板,托板上伏卧一婴孩,头上有一绺长发,袅曲有姿。面部丰腴,眉如新月,双目凝视。婴孩脖戴一道赭红色项圈,腕戴手镯;右臂袒露,向后微曲,手握绿色盘条;左肩披黄色长衫,臂向前弯曲,用力支撑身体。下身着绿色短裤,赤足伏于托板上。右膝向上拱曲,左腿后蹬,似欲跃

瓷枕

起。婴孩上面有一片荷叶,荷叶呈弧形从两端向中间倾斜,形成枕面。这个宋代三彩卧婴瓷枕,造型新颖,形象生动,既是一件生活实用品,也是一件艺术品。

古人喜欢以婴孩作为瓷器的装饰,在瓷枕中婴孩被装饰得形态多样,生动活泼。著名的定窑白瓷卧儿枕,不仅以孩儿俊秀精灵胜绝一时,而且胎坚釉腻,堪称千古名品。近年发现吉州窑有仿制品出土,形象大同小异,以面颜丰腴为特色,黄釉薄胎,亦很可爱。景德镇窑产有影青婴戏瓷枕多种,有手执灵芝随地眠卧的,有在荷叶下翻滚嬉游的,多姿多彩,活灵活现。

以人物作装饰的还见有景德镇窑影青卧女枕,为一秀女卧于一巨形荷叶下纳凉状,左手支首,抬头凝视,神态安谧,外观犹似玉琢。

瓷枕装饰中,除采用人物和虎、熊、马等一类瑞兽纹外,还以飞凤、鸳鸯、鹦鹉等多种祥禽作题材,形象活泼可爱,富有活力。

飞凤纹有吉州窑的褐彩凤穿菊枝束腰长方枕,寥寥几笔,形简意赅。鸳鸯纹有洛阳唐三彩枕,匹鸟双双对立于莲花丛中。鹦鹉纹见于长沙窑彩绘枕及密县窑刻画纹枕,或成双对语,或单体飞舞于草丛。飞雁见于耀州窑刻花枕等。

见于瓷枕装饰的还有各类花卉纹样,有象征荣华富贵的牡丹花、芙蓉花,有象征佛教净地的宝相花、莲花,有象征缠绵不断的卷草、石榴,有表示凌寒傲霜的菊花,有表示"直节虚心"的竹子等。

瓷枕中有一类呈建筑雕塑装饰的,或为殿宇洞开,或是戏台高筑,精镂细刻,曲尽其妙。

上海博物馆藏有白釉殿宇式枕,不仅殿基高爽,间架分明,而且雕梁画栋,门窗精致,具有唐代建筑遗风。并别出心裁地洞开殿门,门侧立一文侍,实为整体封闭式瓷器烧制提供了通气的孔眼,给人以探测殿内奥秘的联想。

安徽岳西出土的殿堂式建筑瓷枕,也是一件精雕细琢之作。殿门洞开,檐廊宛转;堂内人物排布尊卑有序,站立姿态各不相同;廊内人物走游其间,互相呼应,似为一门作寿庆贺的热闹场面。1981年11月,江西丰城县历史文物陈列室在文物收购店的协助

瓷枕

下，征集到一件元代影青雕塑戏台式瓷枕，也是一件瓷枕中的精品。

该枕略呈长方形。平板式枕面中腰微凹，四角稍削，面上饰两周平行阴线刻纹。枕身作雕塑彩棚戏台，四面各有演出场面。枕底也是平板式。通高十五厘米，面长二十二厘米，面宽十四点二厘米，底长十九点二厘米，底宽十二厘米。器物胎质洁白致密，通体施青白釉，颜色略偏暗绿，较大面积的釉面隐现冰裂纹。

枕身彩棚戏台分前后左右四个台面，枋檐饰钩连如意云头纹。前后两个台面两旁有彩窗，透雕六瓣栀花连弧图案。门柱饰双铺首，枋檐下彩幕斜披两侧，麻纹串珠状如意结带在边柱前长垂至地。窗下立双勾栏，栏柱顶饰盛开仰莲，栏壁塑六瓣栀花图案。一"八"字屏风恰将内台分成前后两面。中屏上端作如意云头弧线，上半部镂双线菱花图案。屏风两端各竖一道直墙，分出左右两端的台面。四门舞台各为折子戏片段，人物演出惟妙惟肖，合起来是一出《白蛇传》戏，精妙细致，令人赞叹。

这件元影青雕塑戏台式瓷枕，不仅体现了我国古代精湛的瓷枕工艺水平，还反映了元代杂剧艺术的风貌，对于研究元代杂剧和古代戏台的模式，都具有重要的意义。

这类殿宇式瓷枕，不仅是古代传统建筑的缩影，为我们了解各类古建筑的格局提供了形象的资料，而且为人们考察宋元社会的风土人情增添了实物标本。

瓷枕光洁细润，质坚清凉，是古代夏令寝卧的佳品。古人还认为瓷枕能"明目益睛"。高濂《遵生八笺》写道："宋瓷石（枕）定（窑）居多"，有特烧为枕者长可二尺五寸，阔六七寸者，有东青瓷锦上花者，有划花定者，有孩儿捧荷偃卧用花卷叶为枕者，此制精绝，皆余所目击，南方一时不可得也。有用磁石为枕，如无大块，以碎者琢成枕面，下以木镶成枕，最能明目益睛，至夜可读细书"。

铜 镜

铜镜是古代人们用来照面的用具。我国从青铜时代初期就出现了铜镜，历经商周、秦汉，以迄明清，直到近代才被玻璃镜取代。

铜镜，在古代的意义，不仅在于梳妆打扮，而且由于镜面能反射光线，

铜镜

因此有人相信它能辟邪镇妖。一些笔记小说就常有"照妖镜"的记载，认为铜镜能使得在人间作祟的妖魔鬼怪现原形而降服。即使今日，仍有人在屋檐下悬一面镜子，迷信它能辟邪厌胜。由于铜镜多半是圆形的，古代女子出嫁时，妆奁之中多带有铜镜，用以象征婚姻团圆美满，夫妻永结同心。

在古代，用铜镜象征团圆，还反映在丧葬习俗中。在古代的夫妻合葬墓中，多发现有用半镜随葬。唐孟棨《本事诗·情感》述说："南朝陈将亡，驸马徐德言预料其妻乐昌公主将被人掳去，于是破一镜与妻各半，作为今后见面的信物。后徐德言与乐昌公主通过半镜相对重圆，终于得到了团聚。"这个记述与古代墓葬用半镜随葬的习俗相吻合，反映了古代夫妻生离死别都有用半镜寄托夫妻重圆的习俗。

远古铜镜

从文献记载看，有关镜子的最早传说见于《黄帝内传》和《玄中记》。《黄帝内传》记说："帝既与西王母会于王屋，乃铸大镜十二面，随月用之。"《玄中记》载："尹寿作镜，尧臣也。"

就目前考古发现来看，齐家文化的三面铜镜为我国最早的铜镜。一面在甘肃省广河县齐家坪出土，直径约六厘米，镜背平素无纹饰，纽细小；一面在青海省贵南县尕马台出土，直径九厘米，镜背铸出七角星纹，纽小而呈圆形；另一面系早年甘肃临夏出土，直径十四点三厘米，镜背于两道弦纹之间，各饰三角纹，构成十六角星图案和十三角星图案，

拱起半环形纽。

　　齐家文化绝对年代为公元前两千年左右，那么，就表明我国铜镜已差不多有四千年的悠久历史。从齐家文化经商代、西周到春秋时期，我国铜镜多形体小，制作粗陋，规格不一，铸造量也小，处于原始状态。

　　殷商时代的铜镜，至今出土有五面。其中一面，于1934年12月在河南安阳侯家庄西北岗一〇〇五号殷代大墓中出土，镜背有弓形纽，饰以席纹和鳞纹图案。另外四面，于1974年在河南安阳殷墟妇好墓内出土，均为圆形，镜背有拱形环纽，且分别饰以叶脉纹或多圈凸弦纹，镜面近平或微凸，镜身较薄。

　　商代铜镜是用高温焙烧的陶范浇铸而成，形制虽仍较原始，但已具备后期铜镜的特点，数量虽不多，但价值很大，尤其是将凸面镜的历史由汉代提前了一千多年。

　　西周时期的铜镜，目前已发现十六面，以素镜为主。河南浚县辛村、陕西凤翔县新庄村、陕西淳化史家塬、北京昌平白浮、辽宁宁城县南山根等地均出土有西周素镜。此外，在陕西扶风王太川村和河南三门峡上村岭分别出土有一面重环纹镜和一面鸟兽纹镜。西周铜镜均为圆形，镜面平直或微凸，镜身较薄，镜纽有橄榄形、弓形、半环形、长方形等多种，较前代有所创新。

战国镜

　　战国时期，铜镜使用盛行。战国铜镜的特点是：形体薄而轻巧，纹饰精致，线条流畅，一扫前期铜镜幼稚朴拙的风格，展现出青铜工艺的新面貌。

　　出土的战国时期铜镜，数量众多，仅现在已知的就达千面之多。使用的地域也很辽阔，在全国许多地区都有战国铜镜出土。战国时期的铜镜多为圆形，背面有纽和纽座，镜面平直，边缘平或上卷。镜纽的形式有弓形纽、半环纽、镂空纽、弦纹纽等。镜背纹饰内容丰富多彩，有几何图纹（云雷纹、勾边雷纹、山字纹、菱形纹）、植物纹（叶纹、花瓣纹、花朵纹）、动物纹（饕餮纹、羽状纹、兽纹、凤鸟纹、蟠螭纹），以及人物图像（狩猎纹）等。纹饰的表现手法也多种多样，有浅浮雕、高浮雕、金银错、嵌石、彩绘等。图案多采用地纹衬映主纹的手法，主纹地纹相映成趣，整个图案组织得完美而和谐。战国铜镜以其绚丽多姿的纹饰，精致轻巧的形态，达到了当时青铜工艺的顶峰。

秦汉镜

秦代铜镜的特点古朴飘逸，带有更多的战国文化韵味。代表秦代铜镜这一特点的有夔龙夔凤纹镜、三虺纹镜和云藻四叶纹镜。

西汉时期，随着农业生产的发展，手工业生产的规模和水平都有了很大的发展，金属制造工艺有了显著提高。现查明的西汉铜镜，以河南洛阳资料最为丰富，仅烧沟和洛西四百四十二座汉墓中就出土铜镜二百八十三面。二十世纪五十年代中期，考古工作者在广西贵县发掘了一批汉墓，出土铜镜达二百二十件之多，其中仅1954年贵县火车站发掘的九十八座汉墓中，就存有铜镜六十三件。可见，在西汉铜镜不仅成了人们生活普遍需要的工具，而且已成为相当一部分人随葬的必需品之一。

西汉铜镜在制作形式和艺术表现手法上，也有了很大的发展。西汉初期至武帝时期，铜镜逐渐厚重，多作半球形，纽座多作柿蒂形。图案布局和纹路也有了新的变化，出现了以四乳钉为基点组织的四分法布局形式，主纹突出，地纹逐渐消失。主题纹饰素朴，图案结构简单，多采用草叶纹、星云纹、连弧纹、重圈铭纹、四乳禽兽纹等，改变了战国时期那种严谨细密的风格。如陕西西安征集到的一件西汉四乳连弧龙虎纹铜镜，可视为此类汉镜的代表。铜镜直径十三点五厘米，柿蒂纽，纽周方框四角有四乳，方框内有铭文"见日之光长毋相忘"。镜外缘为连弧纹，内有对饰的两龙两虎。

西汉中期，出现了完全以铭文为主题内容的铜镜。铭文的出现是汉镜的一大特色，铭文的词句隽永优美，大多是些吉祥颂祝之辞，如大乐益寿镜、长宜子孙镜、清光镜等。也有表达男女间相悦之意的铭文，如见日光镜中的"见日之光，美人在旁"等。

古代梳妆台

西汉晚期至东汉中期，以规矩镜最精美。纹饰以四神为主体，图案有四神、动物、禽鸟及辟邪、羽人之类，活泼生动，旋转奔驰，图案优美，奠定了后代铜镜纹饰造型的基础。其间铭文种类增多，内容丰富，排列灵活。如有"长宜子孙"、"君宜高官"、"家常富贵"、"位至三公"等祝愿铭。汉代曾设立尚方官来监督铸镜，因此铜镜上常有"尚方作镜真大好……"的铭文出现，故称这一种镜为尚方规矩纹镜。

东汉中期以后，全国各地形成了若干铸镜中心，如会稽郡、江夏郡、广汉郡、蜀郡等，各地区的铜镜在造型、花纹等方面各具特色，形成了制镜业百家争鸣的新局面。这一时期，铜镜题材广泛，纹饰结构复杂。由于汉代道家神仙思想的盛行，铜镜中出现了反映神仙世界的西王母、东王公和神人车马、神人歌舞等内容，纪年、纪氏、纪地等铭辞镜更为盛行；祈祷高官厚禄、渴望子孙蕃昌、家庭富贵，以及企慕羽化登仙的内容也极为普遍。东汉晚期，除仍流行中期的长宜子孙镜、神兽镜、夔凤镜外，还出现了四凤镜、三兽镜、兽首镜、浮雕的神兽镜等，偶尔还可见到铁镜。

六朝镜

自东汉末年以迄魏晋南北朝的数百年间，社会动荡，战争频繁，社会经济受到极大的破坏，铜镜的制造也进入了中衰期。当时铸镜中心，北方主要是徐州，南方主要是会稽。

这一时期，铜镜的制作虽大体沿袭汉代的风格，但大型镜已不多见。因战乱频仍，生活动荡，人民多将希望寄托于求神拜佛之上，因此，六朝的神兽纹镜特别盛行，而且多是浮雕式，神与兽的数目也较前增多，然而造型却逐渐趋于僵化。

六朝铜镜的铭文仍以吉祥语句为主，但常有反字、减笔字、错字和漏字的情况。有的将铭文垂直排列于镜纽的上下方，如"位至三公镜"；有的每四个字一组排成方形，有如印章一般，如"青羊镜"；或是将方形的铭文与半圆形的纹饰相间，排列在神兽纹的外圈，如"寿昌镜"，等等，这些都是新起的形式。

由于受佛教的影响，六朝铜镜还出现了佛像图纹，这也是这一时期铜镜的一个显著特征。

隋唐镜

隋代虽短，但隋炀帝崇尚奢华，对铜镜的制作十分讲究，一些制作精美的铜镜一再出现,展现出新的风格,如纯以植物纹装饰的挂台镜。汉代通西域后传入我国的一些植物,也逐渐出现在铜镜上,如莹质镜上的葡萄纹和卷草纹。同时铜镜的铭文多改为楷书体,并且采用六朝时盛行的骈文形式,辞句优美,对仗工整,如"仙山镜"。这样的风格一直延续到唐代初年。

隋至唐高宗时期,还流行神兽镜、四神十二生肖镜,并开始有了团花镜(又称宝相花镜)。镜的形制以圆形为主。

唐高宗至玄宗时期,随着经济文化的繁荣,以及对外交流的需要,铜镜的制造业也达到空前昌盛的新阶段。扬州是唐代的铸镜中心,有许多铜镜精品,最佳者为专门献给皇帝的特制品,如"方丈镜"、"百炼镜"、"江心镜"等。对扬州镜,诗人张籍《白头吟》中曾留下"扬州青铜作明镜,暗中持照不见影"的赞句。唐玄宗李隆基把他的生日八月初五定为"千秋节",常在这一天向朝贺的四品以上的百官赏赐铜镜,因此民间也往往在这一天互相赠镜祝寿。受这种世俗的影响,铜镜业又得到进一步发展。

唐镜无论造型还是纹饰,都形成了流畅华美的风格。造型上,打破了过去传统的圆形与方形格式,适应主题纹饰的变化,发展出菱花形、葵花形、亚字形等新的式样;纹饰也比以前活泼,除主要流行葡萄纹镜外,还出现了麒麟狮子、骑士击波罗球、嫦娥奔月、真子飞霜、王子晋吹笙引凤、仙女跨鸾、海上三山等多种图案铜镜。这时圈带铭文消失,镜铭常用数言小诗,直接歌颂镜中人影。铸镜工艺也有了新的突破,出现了金银平脱镜、螺钿镜和贴金贴银镜等各种特种工艺镜。金银平脱镜就是把金银片镂刻成花纹和动物形象,用漆贴涂在镜背上,待漆干后,再将漆面磨平打光,露出金银花纹。螺钿镜是将精美的贝壳做成图案,镶嵌到镜背上。这些作品都出于宫廷良匠之手,除供皇宫使用外,主要用于皇帝赐赠权贵、外宾,社会上很少见到。

唐德宗以后至晚唐五代,铜镜业渐趋衰落,铜镜质地渐薄,纹饰复简。此时出现了一些具有宗教色彩的镜子,如以道教中八卦为主,配以符箓、星象、干支等纹饰的八卦镜,在佛教中被认为是"吉祥万德之所集"的"卍"字镜,也较常见,并成为该时期的一个显著特征。

唐代还出现了一种奇特的"透光镜"。所谓的透光镜,是指将镜面对着日光或其他光源时,与镜面相对的墙壁上能映出镜背纹饰或铭文字样的铜镜。这种奇特的铜镜,曾被国内外学者称为"魔镜"。

透光镜的这种不寻常的效应,早就引起了我国古代学者的注意和研究。北宋科学家沈括在《梦溪笔谈》中就写道:"世有透光鉴,鉴背有铭文,凡二十字。字极古,莫能读,以鉴承日光,则背文及二十字,皆透在层壁上,了了分明。人有原其理，以为铸时薄处先冷，唯背文上差厚后冷而铜缩多，文虽在背，而鉴面隐然有迹，所以于光中现。予观之，理诚如是。"沈括以铸镜时冷却速度不同来解释，虽然不一定符合实际情况，但他的探究精神，是值得称道的。建国后，我国科学工作者联合对透光镜作了系统的分析研究，认为铜镜透光是由于青铜器在铸造冷却或加工研磨过程中，镜体厚薄不一，镜背的花纹凹凸处凝固收缩，产生铸造应力，使镜面各部分出现了与镜背文图相对应的凹凸不平和曲率差异而造成的。冷却法和磨制法均可得到透光镜的效果，但从制镜的技术史上看，汉代透光镜为磨制方法制成更为可信。

宋金镜

宋代称铜镜为"铜鉴"或"照子"。宋代铜镜主要沿袭唐代的式样，流行圆形、方形、葵花形、菱花形、亚字形镜。同时，宋镜在外形轮廓上也有所创新，出现了长方形、鸡心形、盾形、钟形、鼎形、云板形、八卦镜、带柄镜等形式。如燕山五桂纹镜就是在圆形的镜子下加一个长柄，成为带柄镜；又如古鼎双龙纹镜，模仿铜鼎，做成铜鼎的形状。

由于宋代家具较前增高，高镜台定型，铜镜可固定在梳妆台上，镜背不经常看到，因此，宋镜重实用，而轻镜背图案的装饰。背面常平素无纹，只铸商标字号，冠以州名，标明姓氏，如"湖州石家清铜照子"、"成都龚家青铜照子"等。

金代铜镜，多仿汉唐宋镜，以圆形、菱形为主，镜背图案纹饰出现新的题材，以双鱼和人物故事为常见，如许由巢父、吴牛喘月、童子攀枝、柳毅传书等。金代铜源缺乏，官禁很多，民间为了牟利，往往销钱铸镜，然后出售。官方规定，铜镜一律官铸，加刻当地检验官及镜局的验记，以限制铜镜的数量，如"兖州官匠"，"汶阳县验讫官匠"等。同时，官府"减卖镜价，防私铸销钱也"。

元明清镜

元明清三代，仍然制作铜镜，样式纹饰主要仿照汉唐铜镜，但技法日趋衰退。

在元代，佛教对铜镜的铸造仍有很大的影响。如元代"大德元年镜"上的观音像，以及汉梵两体的"准提咒文镜"，都反映出当时佛教的影响力。

由于唐宋以来，高式家具渐趋定型，在元代出现了与之相适应的立式

镜架。如1964年江苏苏州张士诚父母合葬墓出土的元代银镜架,铜镜居上架之中,与人坐于椅上齐高。铜镜的三面施以镂空纹饰,富贵端庄。

明清时期,在铜镜背上常有填漆或用漆作的画。铜镜的制作也较粗陋,虽然某些特种工艺镜不失为精品,但整个铸镜却已经走到了衰亡的末期。

玻璃镜在唐宋时代已有贡入中国的记载,但数量极少,对铜镜构不成威胁。明末清初,玻璃镜传入日多,有些还镶金饰玉,如清代的"掐丝珐琅龙纹背玻璃镜",华丽耀眼,夺目生辉。相形之下,铜镜不但产量骤减,而且铜质粗软,镜纹也趋简陋,有时竟以当时发行的钱文为图案。铜镜已欲振乏力,难复往日的盛况,制作终告结束。

扇 子

扇子的起源

我国的扇子,最早称"箑",又有称"翣"(shà 厦),后来称"扇"。"箑"字从竹,"翣"字从羽,可知扇子原先是由竹,后来是用羽毛制成的。扇子创始之初,纯为一种招风纳凉的用具,随而被引入古代帝王与贵族的礼仪之中,最后又与书法绘画艺术相结合,演进成了点缀生活的艺术品。

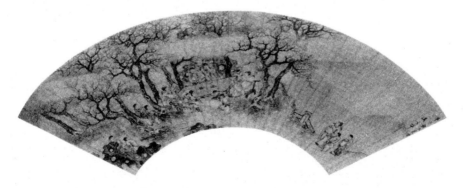

据考,我国扇子发明于尧舜时代。《宋书·符瑞志》中记叙:"箑莆,一名倚扇,状如蓬,大枝叶,小根,根如丝,转而生风,杀蝇,尧时生于厨。"

到了殷周时代,制扇的风气很盛。据记载,殷有"高宗有雉雊之祥,故作雉尾扇"(崔豹《古今注》);周有"武王作翣"(《世本纪》),"武王玄览,造扇于前"(梁庾肩吾《团扇铭》)等。在殷周时期,扇子主要用在仪仗中作"障风蔽日"之具，或用作帝王车驾的"障扇"。

自春秋战国以后，扇子广泛流传于民间，普遍在夏季使用来扇风取凉。西汉思想家董仲舒的《春秋繁露》中，就有"以扇逐暑"之句。从汉代起，扇子已发展为具有中国特色的传统工艺品，制作技术不断提高，质量日臻精美。

我国的扇子，一般说来，可以粗分为两类：一类为固定的扇面，下加一个把柄，以便持执，称为"柄扇"；一类为以竹（或木）条多支叠合，一头用钉贯穿，一头不加钉，做成骨架，上面敷贴帛纸，可以收拢或张开，即俗称的"折扇"。

柄扇

柄扇的发展，自殷周到明清，以形状可分为圆扇和方扇两大类。圆扇，即俗称团扇，为柄扇中流行最广的一种，又可细分为月圆、腰圆、六角形等类别。按质地，柄扇可分为竹扇、羽扇、麈尾扇、纨扇、蒲扇、方面扇、槟榔扇、松扇、麦扇等。竹扇，以竹篾编成，流行最早；羽扇，以禽鸟羽毛为材料，常用的有雉尾、鹤尾、孔雀翎、鹅毛、鹊翅、雕翎、鹰翎等；麈尾扇，用驼鹿的尾毛制成，多为名士使用；纨扇，以素绢、罗、绫制成，多为宫闱仕女使用，所以又有"宫扇"之称；蒲扇，为棕榈叶编成，异名有"葵扇"、"蒲葵扇"、"棕扇"、"芭蕉扇"、"蕉扇"等；方面扇，以方面竹劈丝织成，又称"篾丝扇"；槟榔

扇，以巨笋籜压平裁皮制成；松扇，削松树制成；麦扇，以麦秆编织成。此外，还有椰瓢棕扇、玉版扇、油纸扇、响扇、龙皮扇、碧纱扇、蝉翼扇、福寿扇、轮扇等。

纨扇，是团扇中最具代表性的一种。东汉女诗人班婕妤的《怨歌行》对纨扇的质地、色泽、形状进行了具体生动的描述："新裂齐纨素，皎洁如霜雪，裁为合欢扇，团栾似明月，出入君怀袖，动摇微风发。"古代妇女在众人面前往往以纨扇半遮自己的面孔，以此作为美丽文雅的姿态。

在羽扇中,最为珍贵的是雉毛扇。晋代学者崔豹《古今注·舆服》记载:"雉尾扇,起源于殷世。高宗时有雊雉之祥,服章多用翟羽。周制以为王后夫人之车服。舆车有翣,即缉雉羽为扇翣,以障风尘也。"

雉尾扇,亦称"雉扇"。这不是老百姓夏天用来扇风取凉的扇子,而是专用来为帝王障风蔽日、由宫廷侍者手执的长柄扇,演变成古代朝廷仪仗的一种,故又称"障扇"。后来雉尾扇有大、中、小三等,其制下方上圆,中绣双孔雀,四周排列雉羽为饰。杜甫《秋兴》诗中"云移雉尾开宫扇"句,说的就是朝廷仪仗之一,帝王专用的障扇。

羽扇也在士大夫中流行。古代的一些军事家往往手持羽扇,英姿飒爽地指挥军队作战。《太平御览》卷七百二引裴启《语林》写道:"诸葛武侯与宣王(司马

懿)在渭滨将战,武侯乘素舆,葛布,白羽扇,指挥三军。"苏轼曾在《念奴娇·赤壁怀古》词中,赞周瑜"羽扇纶巾"、"雄姿英发"。

麈尾扇。麈是一种大鹿。《逸周书·王会解》:"稷慎大麈。"孔晁注:"稷慎,肃慎也,贡麈似鹿。"据动物学家谭邦杰研究,麈实为驼鹿。驼鹿的尾较长,古人将驼鹿的尾毛夹在柄中,制成一种类似拂子之物,因其轮廓似扇,便称"麈尾扇"。又因是用尾毛制作,所以也叫"尾扇"。

麈尾扇柄一般是竹木柄,高级的麈尾扇则装玉柄、犀角柄、象牙柄、玳瑁柄、鎏金柄等。日本正仓院藏有唐代麈尾扇四柄,其中有的尾毛还保存着一部分,可以想见其原来的形制,与在北魏云冈石窟、北魏龙门宾阳中洞、东魏武定元年石造像、敦煌石窟唐代壁画,以及与唐代阎立本所绘《历代帝王图卷》中吴主孙权所执者基本一致。

羽扇和麈尾扇的质地不同,使用方法也有区别。用羽扇多称摇,用麈尾扇多称挥,因而执麈尾扇与操羽扇的姿势也不一样。这一点大概对魏晋清谈家的风度有一定影响,所以羽扇始终未能占领清谈的阵地,故后人也称清谈为"麈谈"。

自汉末至南北朝时期,尾扇是文士清谈时所执之物,在社会上层人物中很受重视,被誉为"君子运之,探玄理微。因通无远,废兴可师","拂静尘暑,引饰妙词"。因而高官名流常常持不释手,有些附庸风雅的武将也喜欢摆弄麈尾扇。据考古材料,朝鲜安岳发现的"使持节,都督诸军事,带方太

扇子

守"冬寿墓壁画中的冬寿像与在云南昭通发现的东晋太元年间（376－396年）"晋故使节，都督江南交、宁二州诸军事，建宁、越嶲、兴古三郡太守，南夷校尉，交、宁二州刺史，成都县侯"霍承嗣墓壁画中的霍承嗣像均手执麈尾扇。安岳与昭通相距万里，但身为高级武官的冬、霍两人皆执麈尾扇，可见一时之好尚。随后，麈尾扇又作为佛教用具，用于除尘和驱赶蚊虫，又称"拂尘"。

竹扇，在我国战国时期的墓葬中就有发现。竹扇的扇面一般多呈垂直的长方形，柄有长短两种。如1982年在湖北江陵的一座战国中晚期墓中，出土了一件短柄竹扇。扇面略近梯形，用极细薄的红、黑两色篾片编成矩形纹，靠近柄的一侧有两个长方形孔，周边夹以较宽厚的竹片。纹饰十分规整，是一件技艺很高的竹编制品。

由于竹扇取材方便，以及制作容易，自战国以来一直为民间所沿用。

南北朝之后，经过隋唐，迄于宋代，柄扇发展到了顶峰，尤其两宋成为团扇流行的炽盛时代。从元代开始，柄扇呈现式微。到了明代，由于折扇的崛起更替，以团扇为主的柄扇急剧衰落，虽然仍继续存在，但地位已一落千丈，已经不重要了。

折扇

折扇，又名"折叠扇"，别称"聚头扇"、"聚骨扇"、"叠扇"、"撒扇"等。晋代《子夜歌》有句："叠扇放床上，企想远风来。"但那时的叠扇不一定与今天的折扇相似。

关于折扇的起源，学术界有两种看法：一种认为，现今盛行的折扇源于古代中国；另一种则认为，折扇不是我国所创，而是宋代时由高丽（朝鲜）或日本传入我国的。后一种说法似乎材料更充分。

北宋郭若虚《图画见闻志》记载："高丽使臣来中国，或用折叠扇为私觌物。其扇用青纸为之，上画本国豪贵，杂以妇人鞍马，或临水为金沙滩，暨莲荷、花木、水禽一类，点缀精巧；又以银涂为云气月色之状，极为可爱，谓之倭扇，本出于倭国也。"这是折扇名字及有关记叙出现最早的文字。南宋邓椿《画继》也有类似记载。

自宋以后,折扇日趋盛行,其原因:一是明初开始,高丽、日本大量以折扇入贡。明朝皇帝常用这些贡扇赏赐臣下,故有臣下感恩的赐扇诗;二是明初皇帝命令臣工开始模仿制造折扇。

明中叶至清初,是折扇流行的鼎盛时期。究其原因:一是明代手工业,特别

折扇

是雕刻工艺蓬勃兴盛,为制作折扇提供了优良进步的技术;二是当时社会浓厚的书画风气的感染与激荡,推动了与书画艺术有长久历史渊源的扇子向前发展;三是折扇舒卷随意与携带方便,适合了讲求闲情逸致、重视生活情调的明代文人的需要。一扇在手,出入怀袖,成为点缀生活、制造气氛不可缺少的工具,于是文人相扇成风,造成兴盛的情势。

一般说来,折扇的优劣好坏,在于扇骨是否揩磨光滑,舒展如意,扇面纸料是否洁厚。所以,制作讲究的折扇,一是看扇骨,二是看扇面,尤其是扇骨更能体现折扇的精雅。

折扇的扇骨,通常是重叠的上下两根为面积较宽的大骨,中间为小骨。小骨的根数多寡不一,有七、九、十一、十三、十四、十六、二十四、三十、四十等多种,到了清代有多至五十骨的折扇。明清的折扇,以十四、十六为普通。三十、四十根的折扇,撒开成半圆形,则为专供妇女使用的秋扇。

扇骨的材料,以竹为主,有湘妃竹、樱桃红竹、棕竹、毛竹等。除竹扇骨外,还有乌木、檀香木、象牙等制作的扇骨。扇骨的样式,有圆头、方头、蚱蜢腿、琴式、竹节式等。除了这些巧思灵慧所设计的形状外,还有雕镂装饰的扇骨,具有极高的艺术欣赏价值。

折扇的扇面,最常用的材料是纸,以颜色质地不同,又有矾纸、瓷青纸、泥金纸、湖色纸、杭连纸、京元纸、油纸等。此外,还有用绢和夹纱的扇面。

扇面流行的纸色,一般而论,明代盛行金面,清代崇尚素色和夹纱的扇面。

历代许多诗人、画家、书法家都喜爱在扇面上题诗绘画,常绘花卉虫鸟、山水风景,形象鲜明,栩栩如生,别具妙趣。因此,扇子不仅是绮丽多姿的手工艺品,而且又是丰富多彩的书画艺术品。现今北京故宫博物院藏有

一把明代皇帝朱瞻基在宣德二年(1427年)所绘的大折扇,两面均绘有人物画,工艺水平高超,制作精巧,是研究明代折扇的重要实物。

书扇在历史上流传不少佳话。东晋大书法家王羲之"尝在蕺山见一姥,持六角折扇卖之。羲之书其扇,各为五字。姥初有愠色。羲之因谓姥曰:'但言是王右军书,以求百钱耶。'老姥如其言,人竞买之。他日姥又持扇来,羲之笑而不答"。画扇在历史上也留下不少有名的佳作,如明代有周之冕的竹雀扇、唐寅的枯木寒鸦扇、沈周的秋林独步扇,清代有恽寿平的菊花扇、王武的梧禽紫薇扇等。

扇子同戏剧、评弹也结下了不解之缘。在舞台上,扇子往往可用来起角色、代道具、表感情,可以既美化身段,又有助于人物的刻画。如京剧艺术大师梅兰芳在《贵妃醉酒》中,曾运用扇子巧妙地表达了杨贵妃的娇妍醉态和复杂心理。

几千年的历史与文化的熏陶,形成了江苏、浙江、四川、广东等著名的制扇中心,生产了众多精美绝伦的扇子。

江苏的檀香扇、浙江的绫绢扇、四川的丝竹扇和广东的火画扇,并称为我国的四大名扇,长期以来,驰誉国内外。其中的艺术品,如苏州檀香扇厂制造的一把"天女散花"檀香扇,艺人们在扇骨上共拉镂出一万五千多只洞眼,图案逼真,形象优美,古雅浑厚,精细绝伦,堪称扇中一绝。

扇铭

在魏晋南北朝时期,持扇风气很盛,不仅君主常用扇子赏赐臣下,朋友间相互馈赠也用扇子做礼物。这一时期,文人从爱扇惜扇而发为吟咏歌颂,如曹植、陆机、傅毅、崔骃等人都作有扇赋与扇铭。

最古的烛

烛进入我国人民社会生活之中,至少有三千年以上的历史了。

我国先秦时尚无蜡烛。《礼·曲礼》:"烛不见跋。"孔颖达疏:"古时未有蜡烛,唯呼火炬为之也。"可见那时说的烛就是火炬。最古老的烛,是用松、竹、麻、苇等制成的火把,即"火烛"。商代甲骨文中有字像人跪坐,双手持火炬,炬上焰火腾腾。王献唐先生在《古文字中所见之火烛》一文中,考释为"烛"。

考古发现的最古老的"烛"有两种,即松明和竹签。

1988年,在宁夏海原县菜园发现了八座古老的窑洞,其中两个窑的洞壁上有许多插孔,插孔的上方留有火苗状的烧痕,呈青灰色。从插孔中残留有松木皮痕迹看,这些壁孔原是插火烛的。若在插孔的半数中点上松明,窑内可有四十瓦电灯的亮度。这些遗迹,距今至少也有四千一百多年。

1989年,在江西瑞昌发现一处古老的铜矿遗址,出土的许多采矿遗物中,还有用以照明的竹签,并存有点燃的炭痕。它的年代早于甲骨文。甲骨文的"烛"字,从"木"不从"竹",可这里发现的却是一种"竹烛"。

坟烛和庭燎

松明、竹签,都是火烛的雏形。火烛除这种简便的形制之外,还有大型的、做工精细的"坟烛"和"庭燎"。《诗经·小雅·庭燎》:"夜如何其?夜未央,庭燎之光。"这是赞美周宣王勤于政务的诗句。《周礼·秋官》也有记载:"司烜氏凡邦之大事,共(同供)坟烛庭燎。"东汉郑司农说,"坟烛"就是麻烛。郑康成说,"坟"是大的意思。树于门外的叫"大烛",树于门内的叫"庭燎"。唐代贾公彦的考证认为,庭燎的做法以苇为中心,用布缠之。灌之以饴蜜,若唐之蜡烛。

坟烛和庭燎最早出现于皇宫,供祭祀或其他礼仪之用,同时也用于照明。《礼记·内则》:"夜行以烛,无烛则止。""烛"在等级森严的时代,也成为等级制的体现物。《礼记·郊特性》记载,天子庭燎用百,上公五十,侯伯子男三十。春秋时期,齐桓公用百烛,被认为是一种僭越礼制的行为。

蜡烛

蜡烛之名,始于汉代。《漂粟手牍》有这样一个传说:"娥皇夜寝,梦升于天。无日而明,光芒射目,不可以视。惊觉,乃烛也。于是孪生二女,名曰宵明、烛光。"这个传说将蜡烛神化，说成是天上之物。

古文献中最早提到蜡烛的是《西京杂记》。《西京杂记》写道："南越王献高帝石蜜五斛、蜜烛二百枚。"蜜烛即用蜂蜡做的蜡烛。因为蜂房也叫蜜脾，其底为蜡，所以古人常将蜂蜡与蜜混称。北周庾信的《灯赋》中写道："香添燃蜜，气杂烧兰。"燃蜜即燃蜡。

王充《论衡》中说："俱之火也，或铄脂烛，或燔枯草。"这里说到一种与庭燎不同的脂烛。王符在《潜夫论·遏利篇》中也说到了这种脂烛："知脂烛之可明灯也，而不知甚多则冥之。"用脂制烛，这是庭燎的发展。《论衡》与《潜夫论》都是东汉时的著作，说明脂烛为当时所常见。近代学者章太炎在所著《检论·订礼俗》中结论性地写道："汉初主烛不过麻蒸，后汉之季，始有蜡烛。"

蜡烛的本色为白色，红烛须另用紫草等物染成。唐永泰公主墓壁画中的女侍手持细长的白色蜡烛，可见当时大贵族亦用白烛，宫廷也不例外。

白烛又称玉烛或银烛。王维《早朝诗》："银烛已成行，金门俨驺驭。"僖宗宫人《金锁诗》："玉烛制袍夜，金刀呵手裁。"和凝《宫词》："金殿夜深银烛晃，宫嫔来奏月重轮。"均是其例。唐代虽已有红烛，但不忌白烛，甚至在婚礼上都点白烛。卢纶《王评事驸马花烛诗》："万条银烛引天人，十月长安半夜春。"将婚礼中的情景描绘得鲜明如画。日常用白烛的习俗至清代犹然。李慈铭《越缦堂日记》同治元年十一月初二日写道："都中皆用银烛，光特清炯，宜于观书，然自不如绛蜡之富丽。"

加工染色的各种蜡烛，如喜烛、花烛、寿烛等，起源也很早。《梁书·羊侃传》说羊侃宴客时，"侍婢百余人，俱执金花烛"。当然，这种金花烛使用的范围要比白烛小。

纵观蜡烛的发展史，唐宋可称极盛。当时不仅制作精巧，而且品种也非常之多。除仙音烛之外，还有所谓金莲花烛、香蜡烛、九龙烛、绛烛、耐点烛、蜜蜡烛、灵麻烛，等等。据欧阳修《归田录》记载："邓州（河南）花蜡烛名著天下，虽京师不能造，相传是寇(准)莱公烛法。"山西在唐代也以产蜡烛闻名,《唐六典》卷三《户部尚书》载:"唐河东道晋州贡物有蜡烛。"

蜡烛的原料有黄蜡、白蜡等多种。黄蜡是蜂蜡,白蜡是白蜡虫分泌的蜡。白蜡的利用一般认为起自唐代,也有人考证始于汉魏。蜂蜡的利用要比白蜡为早。《神农本草经》、张华《博物志》、陶弘景《名医别录》中都有关于蜜蜡或蜂蜡的记载。虽然考古中未有发现,《说文》中亦无蜡字,然而从上述文献记载分析,东汉时期已使用蜂蜡是可能的。不过大概数量还不多,使用也不普遍,所以灯烛仍用脂膏制作,或在脂烛外挂一层蜡以减少烛泪,或在脂膏中掺少许蜡以提高熔点。总的说来,以脂膏为烛,熔点是比较低的,因此当时的烛比较粗短。

宫延蜡烛

古代宫廷的蜡烛制作十分讲究。有燃之散出异香的蜡烛,有燃之烟散为五彩楼阁龙凤纹的蜡烛。

据《开元天宝遗事》记载:"宁王(唐睿宗李宪长子)好声色,有人献烛百枚,似蜡而腻,似脂而硬,不知何物所造。每至夜,延宾妓坐,酒酣作狂,其物则昏昏如所掩,罢则复明矣。"这简直可与今天舞厅的彩色明暗灯光相媲美。

而更为奇特的蜡烛是一种仙音烛。据《清异录·器具》记载,这种仙音烛"其状如高层露台,杂宝为之,花鸟皆玲珑台上。安烛既,燃点,则玲珑者皆动,叮当清妙,烛尽绝响,莫测其理"。这种装饰物会动,而且能发出悦耳响声的"仙音烛",不仅在古代"莫测其理",至今仍是一个不解之谜。

蜡烛在古代毕竟是较为奢侈的照明用具,因而也就成了贵族们竞尚豪奢、夸耀富贵的物品。

据《世说新语》说,晋代王夫君与石季伦斗富,石季伦竟以蜡烛作炊。《拾遗记》载,魏文帝以文车迎美人薛灵芸,数十里膏烛之光,相继不灭。并且筑土为台,高三十丈,列烛台下,名曰"烛台"。《南部烟花》记载,隋"炀帝香宝宫中,烛心至跋皆用异屑,燃之有异采数重"。

到了唐代,宫中玩烛更是花样繁多。《开元天宝遗事》记载:"申王务奢侈,每夜宫中诸贵戚聚宴,以龙檀木雕成烛跋,童子衣以绿衣袍,系之束带,使执画烛,列立于宴席之侧,曰为'烛奴'。"一般的贵戚显宦,也竞相仿效。《唐冯贽·云仙杂记》就记载有:"韦陟家宴,使婢执烛,四面行立,呼为'烛围'。"

113

这种玩烛的风气，一直延续到宋，就连宋末名臣寇准也不能免俗。《宋史·寇准传》说寇准"每宴宾客，多阖扉脱骖，家未尝蓺油灯，虽庖宴所在，必燃巨烛"。同书的《蒲宗孟传》，说蒲宗孟"每旦羊十、豕十，燃烛三百入郡舍。或请损之，愠曰：'君欲使我坐暗室忍饥耶？'"大抵自魏晋迄唐宋，以蜡烛比富贵，竞豪奢，在上层社会蔚然成风。

蜡烛作为照明用品，普通老百姓之家大概是用不起的。《史记·甘茂传》写道："臣闻贫人女与富人女会绩，贫女说：'我无以买烛，而子之烛光幸有余，子可分我余光。'"汉代善说诗的匡衡，幼贫不能置烛，凿壁引光映书而读的故事，一直流传为勤苦学习的美谈。

蜡烛诗

在我国古典文学作品中，最早出现"蜡烛"的诗歌，当推《诗经》和《楚辞》。《诗经》有"夜未央，庭燎之光"之句，《楚辞》有"日安不到，烛龙何照"之诗。

但专门以烛为题材，称得上文学作品的，南北朝时著名的有梁简文帝的《对烛赋》和傅咸的《烛铭》。

对烛赋（节选）

绿炬怀翠，朱烛含丹。

豹脂宜火，牛膏耐寒。

这首诗刻意描绘蜡烛，形容曲尽，体现了六朝纤巧典雅的文风。

烛铭

煌煌丹烛，焰焰飞光。

取则景龙，拟象扶桑。

照彼元夜，炳若朝阳。

焚形监世，无隐不彰。

　　傅咸的《烛铭》,不但写了蜡烛之形,而且写出了蜡烛的品德,寓意深远。

　　在唐代,借烛抒情之作,俯拾即是。

　　杜甫《宿府》:"清秋幕府井梧寒,独宿江城蜡炬残。"描写了诗人漂泊西南,不胜孤独失意之感。

　　杜牧《赠别》:"蜡烛有心还惜别,替人垂泪到天明。"描写了拳拳惜别之情,不能自已,蜡烛也为他而流泪。

　　自元明以后,蜡烛的作用,逐渐为灯所代替,在古典文学作品中,写蜡烛的少了,以灯写入作品的渐渐地多了起来。

概说

　　在远古相当长的岁月里,人们一直利用火炬作为照明工具。大约在商周时期,人们懂得了用油点灯照明。在《尔雅·释器》中就有"瓦豆谓之登,即膏登也"之说。"登"即为"灯"。在《楚辞·招魂》中有"兰膏明烛,华镫错些"之句,表明古灯为金属制成,所以,在《说文解字》中的灯字从金旁写作"镫"。

　　我国古代的灯,种类繁多,形制多变。战国秦汉时期的灯其造型就可分为两大类:一类取象生的形状。如人俑灯、羊尊灯、牛灯、朱雀灯、凤鸟灯、雁足灯和象征花树的连枝灯等,大多形象生动,制作精巧,有的还以金银和鎏金银为饰,既具有灯的实用价值,又是优美的工艺品。另一类取形于日用器皿,如豆形灯、槃灯、卮(zhī知)灯、三足炉形灯、行灯、拈灯、奁形灯、耳杯形灯等,简

朴实用。

我国古代的灯，就灯盘的设计而言，大体有五种形式：一、圆环凹槽形，内有三烛钎，可同时点烛三支，如银首人俑灯、跽坐人漆绘灯、朱雀灯、雁足灯等；二、豆盘形，如铜人擎双灯、当户灯、羽人座灯、人骑驼铜灯、连枝灯、豆形灯等；三、带錾盘形，如行灯、樊灯、拈灯、卮灯等；四、带錾盘形上加灯罩屏板、灯盖、烟道，可以调节灯光或拆卸擦洗，如长信宫灯、凤鸟灯、牛灯、三足炉形灯等；五、椭圆形，一侧有小流嘴，不用时翻下构成器身的一部分，如羊尊灯和耳杯形灯等。第一、二式在战国时期已经出现，第三至五式是汉代灯的新形式，尤其是第四式，是我国古代灯在结构上的一大进步。此外还有立灯和手提灯等灯制。

灯盘的构造说明当时的灯有油灯和烛灯两大类。油灯以捻浸油点燃，如羊尊灯、奁形灯和部分没有烛钎的灯都是；烛灯即是在灯盘中立有烛钎的，也包括一些没有烛钎的灯。油灯和烛灯在我国使用了两千年左右。

据研究，我国从汉代起就开始制造花灯，把灯的制造工艺推向了人类艺术的高峰。花灯因首先出自皇宫，故又称"宫灯"。灯，在我国的历史上，不仅仅只是为了照明，而且还深深地融入民俗，形成了中华民族传之两千多年的元宵灯节。

人俑灯

人俑灯做人俑持灯状。我国目前所见到的人俑灯，式样很多，有河北平山出土的中山国银首人俑灯、湖北望山出土的人骑驼铜灯、山东诸城发现的铜人擎双灯、河南三门峡出土的跽坐人漆绘灯、河北满城出土的长信宫灯和当户灯、广西梧州出土的羽人座灯、湖南博物馆藏的人形吊灯、河南陕县和广州市等地出土的人形陶灯，等等。时起战国中晚期，历秦、西汉，直至东汉。

这些灯的人俑形象有男有女。有的是中原人的模样，身份似乎都很卑微；有的是少数民族的形象，也都表示屈服从命的姿势。前者以长信宫灯最为典型，作宫女跽坐持灯状。后者以当户灯最为突出，作胡人半跪擎灯状，灯上刻铭"当户锭"，指明人俑灯是象征匈奴高级官吏左右大当户。"锭"即是灯。此外，人形吊灯、人形陶灯等的人俑，也都刻画成深目高鼻的少数民族形象。这些灯都出自汉武帝时期至东汉的墓中，反映了当时的民族矛盾。

人俑持灯有多种多样的方式。有的站立，两臂张开，举灯过顶；有的跽坐,两手前伸,托灯在前;有的左手持灯,右臂侧举,袖口下垂成灯盖;有的头顶灯;有的半跪,左手按膝,右手擎灯;有的匍匐,双手托灯;有的骑在驼背上,双手举灯。千姿百态,很少雷同。一俑所持灯盘一至三个不等。灯盘有圆环凹槽形、盘形和带錾盘形诸种,盘中一般都有烛钎。灯的大小高低十分悬殊,如当户灯仅高十二厘米,而银首人俑灯则高达六十六点四厘米。

平山中山国墓出土的银首人俑灯,俑的两臂张开,双手握螭。右手螭托一高柱灯盘,左手双螭纠结,与上下两层灯盘相连。灯盘作圆环凹槽形,盘中各立三支烛钎。在洛阳诸城太平葛阜口村发现的铜人擎双灯,铜人双臂张开各擎一高柱灯,造型格局大致与此相似。铜人张臂擎灯可能是那个时期的典型灯形。

长信宫灯的构造也具有明显的时代特点。灯盘有双重直壁,插置两片弧形屏板作为灯罩。灯盘可以转动,屏板可以开合,灯光的照度和照射方向可以因此得到调节。侧举的右臂和下垂作灯盖的右袖,不仅增加了造型美观,而且可以使灯盘内空气流通,帮助蜡烛燃烧,还可以将烟导入体腔。灯的各部位都可拆卸,便于清除烟垢。这种合理的设计目前仅见于汉代的铜灯上,以西汉中晚期墓出土的居多。

人俑灯

人俑灯不仅造型优美别致,而且往往还有华丽的装饰。银首人俑灯以银制俑首,通体错金银,服饰上并加黑、红漆的图案花纹。长信宫灯通体鎏金。三门峡跽坐人漆绘灯以彩漆绘俑的冠服和灯盘纹饰。长信宫灯曾为西汉阳信侯、长信宫、中山靖王所有。当户灯也出土于中山靖王墓中。可见这些华丽的灯是当时宫廷和贵族之家所用。

朱雀灯和凤鸟灯

目前所见的朱雀灯和凤鸟灯都属汉代遗物,如河北满城出土的朱雀灯、广西合浦西汉晚期墓出土的凤鸟灯、山西襄汾县吴兴庄汉墓出土的雁鱼灯、河南陕县刘家渠东汉晚期墓出土的陶鸟灯等。满城朱雀灯的朱雀口衔圆环凹槽形灯盘。合浦凤鸟灯的凤鸟背置带錾灯盘,凤回首衔一喇叭形灯盖,结构与长信宫灯相似。两种灯的灯盘中分别立三支和一支烛钎。朱雀和凤鸟在汉代都是祥瑞的象征,取其形象造灯,合乎当时的风尚。

雁足灯

雁足灯也是汉代流行的铜灯,灯的把座铸成雁足形,在灯铭中往往即以"雁足镫"自称。雁在古代人心目中是一种信鸟,用于缔结婚姻的纳采或大夫们相见的赞礼。雁足灯一般是在雁足形的把座上托出圆环凹槽形灯盘,内立三支烛钎,如陕西咸阳塔儿坡出土的雁足灯。有的在雁足座下附一承盘,如江苏邗江甘泉东汉墓出土的雁足灯。

咸阳塔儿坡出土的雁足灯,原报告定为秦器。邗江甘泉的雁足灯承盘口沿上有篆书年款"建武廿八年造",属东汉光武帝时。著录的雁足灯铭文纪年有建昭三年、竟宁元年、绥和二年、永始四年、永元二年等,说明西汉晚期和东汉前期应是雁足灯最为流行的时期。

雁足灯为两汉宫廷用物,刻有"桂宫"、"中宫"、"中宫内者"、"中尚方造"、"山阳邸"等铭文。后世流于民间,两宋时还习见之。黄庭坚曾说:"雁足灯,汉宣帝上林中灯,制度极佳,至今士大夫家有之。"陆游还有诗说道:"眼明尚见蝇头字,暑退初亲雁足灯。"

兽形灯

目前所见兽形灯都属汉代遗物。灯铸成牛、羊之类动物的形象,构思设计十分精巧。如河北满城出土的羊尊灯,羊背掀开即成灯盘。灯盘一端有一小流嘴,可能是置灯捻用的。羊在古代被认为是瑞兽,汉代的建筑物上、画像石墓上、器物上常用有羊的形象装饰。

牛和农业民族的关系很密切,因此汉代人也多取牛的形象铸灯,如江苏邗江甘泉、睢宁刘楼东汉墓和湖南博物馆所藏的牛灯都是。它们的形制基本相同,即在站立的牛的背上置带錾的灯盘,灯盘上有两片弧形镂孔屏板作为灯的盖罩;牛的头顶或双角向上弯曲,与灯盖连接,既成灯的把手,又是烟道。灯的各部分都可拆卸,构造设计和长信宫灯相似。

连枝灯

连枝灯的灯形好似花树,在树干(灯柱)上有规律地分层伸出枝条,枝头托灯盘,盘中往往立烛钎。树干的顶端也置灯盘,或又加朱雀装饰。树干下有灯座。常以灯盘的数目称为五枝灯、七枝灯、九枝灯、十二枝灯、十三枝灯、十五枝灯等。灯的形体高大，一般高一米左右。出土的连枝灯有铜、铁、陶质的，据文献记载还有玉制的。

在河北平山县战国中晚期中山国墓出土的一盏铜质十五枝灯，圆形灯座由三只双身老虎承托，座上镂雕夔龙纹，灯柱伸出的曲枝上装饰一群攀枝嬉戏的小猴。树下有两个赤裸上身的人持果逗猴，造型十分生动。

陶质的连枝灯出土数目较多，繁简不一。最为繁缛华丽的莫过于洛阳七里河出土的十三枝灯，灯上饰有羽人、飞龙、朱雀、蝉，灯下有象征山峦的喇叭形底座，山峦上又堆塑为数甚多的人、猴、虎、兔、鹿、猪、羊、狼、狗、蛙、蝉等动物。铜连枝灯所出的墓葬，时起战国中晚期至东汉。铁连枝灯和陶连枝灯都发现在东汉墓中。

制作精美、装饰华丽的连枝灯应是宫廷及贵族之家的用物。平山出土十五枝灯的一号墓，据考证是中山王墓。文献中也有这类记载，如《西京杂记》卷二："高祖初入咸阳宫，周行库府，金玉珍宝不可称言。其尤惊异者，有青玉五枝灯。灯高七尺七寸，作蟠螭以口衔灯，灯燃鳞甲皆动，焕炳若列星盈室焉。"同书卷一又记载："汉元帝皇后赵飞燕之妹在昭阳殿，赵飞燕赠送她的物单中也列有'七枝镫'。"

在北魏时期，出现了一种可以上下移动的连枝灯。此种灯出土于河北曲阳北魏的墓中，高十一点五厘米，下为圆形灯盘，盘中央置八角形空心灯柱，柱的上端设置左右对称的两个铜环，柱的两侧各有一槽，嵌置左右对称的小圆碟两个，小圆碟可以任意上下移动。使用时蜡烛穿过铜环，置于碟上，可以同时点燃两支蜡烛，随着蜡烛的点燃，小碟可以逐渐上移。此灯设计精巧，器形颇为特殊。

豆形灯和檠灯

豆形灯始见于战国，形似礼器中的细把豆。据研究，豆形灯就是取形于豆逐渐演变而成的。豆形灯为浅盘，盘中往往立烛钎，细葫芦形或近似葫芦形的把，喇叭口形底座。这是豆形灯中形制较为简单和较为流行的一种。

战国晚期至西汉初年的豆形灯，灯盘外壁常作数道瓦纹，并逐渐缓收成底，在腹壁和底之间无明显的折棱，如1965年湖北望山二号墓所出土的豆形灯。

汉代豆形灯的灯盘都作直壁、平底，腹壁和底之间呈明显的直角折棱。

盘壁往往刻铭文，自铭为"锭"或"镫"。一般高度在一二十厘米左右，如1973年南昌西汉墓所出土的豆形灯。另有一种高达三十多厘米的所谓"高镫"，如长沙西汉墓所出土的豆形灯，高三十四点五厘米。此外，有的豆形灯在灯盘口沿上伸出一叶形錾便于手执，如河北满城出土的豆形灯。有的豆形灯灯盘呈圆环凹槽形，用三叉托连在把座上，在造型上有些小的变化，如成都汉豆形灯。

豆形灯也常用在宫廷中，著录的豆形灯灯铭中有"长安下领宫"、"驺荡宫"、"甘泉内者"等。

檠灯基本形状如豆形灯，只是在灯下有承盘。灯盘中心立烛钎，灯盘外侧往往有叶形檠，高度在一二十厘米间。满城一号墓出土的一件檠灯，灯盘外壁刻有"檠锭"的自铭，迄今檠灯都发现在西汉墓中。

行灯和拈灯

行灯是汉代较为流行的一种灯式。灯盘敞口，直壁，平底，口径在十厘米左右，中心往往立一烛钎，盘壁外侧有一扁平錾，底下作三蹄足。传世行灯中有"行镫"。在考古发掘中，行灯大多出土于西汉中期至东汉中期的墓中。《小校经阁金文拓本》卷十一所录行镫铭文纪年有二年少府造、神爵元年、五凤二年、甘露二年、永光四年、建昭三年、建始二年等，时间均在西汉中晚期。结合出土资料推测，行灯流行的时期主要是西汉中晚期和东汉早中期。拈灯是在行灯下有一承盘。满城一号墓出土的一盏拈灯，灯和承盘都分别刻有"拈锭"和"承檠"。拈灯流行的时间是西汉中期至东汉早期之间。

卮灯

卮灯的灯形似古代饮酒器"卮"，故名。卮灯作带盖直筒杯形，盖上翻即为灯盘，中心立烛钎，满城一号墓出土了一对卮灯，杯、盖都有"卮锭"铭文。属汉武帝时期。

三足炉形灯

三足炉形灯呈扁球形，小敛口，三蹄足，口上置带錾灯盘，盘中或立烛钎；盘壁双重，插置弧形屏板两片，屏板上有覆钵形灯盖，盖顶和炉肩间有一个或两个弯曲的管形烟道兼灯把。其构造同长信宫灯，高三十多厘米。满城一号墓、长沙西汉后期墓中都有出土。

奁形灯

奁形灯形似三足圆筒形奁，奁下有承盘，奁盖中央开一小圆孔，插置一根小铜管。估计是奁中盛油、管中贯捻点燃的。奁形灯通高在十厘米左右。江苏邗江甘泉和甘肃武威雷台东汉墓中各出有一件奁形灯。

耳环形灯

耳杯形灯是在古代有篷形盖的耳杯形器上，将盖的一半揭开，翻转在另一半上，用活轴相连。金石学家称活轴为辘轳。灯为辘轳灯。翻上的半个盖即为灯盘，内侧作一流嘴，盘内或立烛扦。器身往往刻龙、虎、斗兽以及卷草纹、三角纹等，还常见有"子孙吉"、"宜子孙吉"、"大吉"等铭文。耳杯形灯通常在十厘米左右，一般出土于东汉墓中，个别见于晋墓。

铁提灯

铁提灯的灯盘作三足直壁平底的盘形，盘沿上立三柱，至顶部向中央弯曲相接，还有一环可以提携或悬挂，有的还设有灯盖。铁提灯通高在十八厘米至二十九厘米之间。铁提灯均出土于东汉墓中，是东汉时期的灯式。

高檠荷叶反光灯

据《文物》1992 年第六期所载，河北宣化下八里辽天庆元年（1111 年）韩师训墓的后室东南壁的壁画中，绘有一架引人注目的高灯。

按照画中人体的比例推算，其灯檠的高度达一米以上。灯檠下部有带五足的圆形底座，檠柱立于底座中央，两侧斜出两叶状饰片。柱顶以托盘承灯盏,盏中立柱,柱端的灯火已经点燃。有意思的是,此灯在檠柱上部还分出一支弯杈,撑起一圆形的荷叶,叶面稍向下偃俯,叶心正映着灯火。此种灯型前所未见。

明代文震亨在《长物志》中提到一种书灯:"有青绿铜荷一片檠,架花朵于上,古人取金莲之意,今用以为灯,最雅。"似乎与壁画中的灯相近,但文氏书中未说清楚这片铜荷的装置方式。而在《红楼梦》第五十三回《荣国府元宵开夜宴》中,却描写过一种特殊的灯:"每席前竖着倒垂荷叶一柄,柄上有彩烛插着。这荷叶乃是洋錾珐琅活计,可以扭转向外,将灯影逼住。照着看戏,分外真切。"原来,这种灯上的荷叶是用于反光的,可使灯光集中在需要照亮的部位。韩师训墓壁画中的灯除了其光源是油灯而非"彩烛",用于反光的叶子大约仍是"铜荷"而非"洋錾珐琅"外,其余与《红楼梦》中的描写完全相合。

我国早在汉代的长信宫灯上,已装有能转动、可开合的屏板,用以调节光线照射的方向。但这种装置遮挡住了一部分灯光,减弱了灯光的照明度。辽代的荷叶反光灯则不然,它不但不减弱,反而能增强灯光的照明度,在这种灯下看东西"分外真切",堪称极具巧思的古代灯具。

起居书艺篇

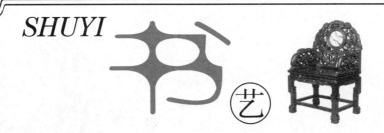

SHUYI 书艺

在起居文化中少不了书画和盆景艺术，盆景是我国造园艺术中的珍宝，而书画条幅是我国传统文化中一种璀璨夺目的艺术奇葩。在家居中有书画盆景点缀，会感到赏心悦目，美观典雅。

盆 景

概说

盆景是用木本、草本植物或水、石等，经过艺术加工，再现自然的一种活的艺术品。根据盆景的造型方式、用材种类、比重制作等，可分为桩头盆景和山水盆景。桩头盆景以孤树为主体，无配景，着力表现树根、树蔸（树干交接膨大处）、树干、树叶、花和果的风韵与色调，力求于盈握之间，出古朴苍劲、秀雅葱润之貌。桩头盆景因蟠扎造型手法不同，又分为规则型与不规则型两种。山水盆景以树石为主要材料，通过地貌处理，再现自然山河。因材料的用法不同，山水盆景又分为水、旱、水旱盆三种。盆景艺术的发展，现已从单盆发展到多盆的组合盆景，更增添盆景的艺术魅力。

盆景为自然风景的缩影，其景物之美虽由人为，却宛若天然，使湖光山色毕陈于

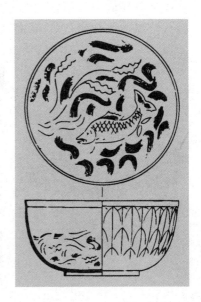

几席之间，游目骋怀足以极视听之娱，以示其"小中见大"的特殊之美。盆景可以美化环境，陶冶性情，被誉为"高等艺术"。

盆景是我国造园艺术中的珍宝，起源于汉晋，成于唐宋，盛于明清，已有一千三百多年的历史。

我国的盆景艺术，在公元四世纪就传入东邻日本，近代又由日本传到欧美，现已在世界上大多数国家流行，并形成当今世界盆景文化。

汉六朝盆景

汉代已有私家园林。最初的盆景与实用的砚台结合为一体。发掘出土的汉代陶砚，砚面塑有十二个山峰，形成重峦叠嶂，盛水其中，山影水光，略具盆景特色。在河北望都东汉墓里的壁画上，绘有栽着六枝红花的圆盆，盆下配有方形几座，把植物、盆钵和几架三者结合为一体，是树木盆景的雏形。

魏晋以后，由于社会动乱，在士大夫中间追求隐逸的风气很盛，他们以山林为乐土，以隐居为清高，将理想的生活与山林之秀美结合起来，促进了我国的山水诗和山水画的形成，也促进了盆景艺术的发展。南北朝时，已经出现制作假山和模仿山林景色造园。如《南齐书》载："太乐令郑义泰案孙兴公赋造天台山伎，作莓苔石桥，道士扪翠屏之状寻又省焉。"

唐宋盆景

唐代是我国封建社会的盛世，也是盆景艺术的形成时期。唐代仍流行有实用价值的砚台盆景。西安出土了一件唐代三彩砚，高十八厘米，砚上彩绘山峰和水池，山上有树林、花草、小鸟，水池作花瓣形。山涂以蓝绿、赭黄，鸟涂蓝黄釉，池中心无釉，色彩斑斓，比汉代陶砚更为高级。大画家阎立本绘的《职贡图》，画中有一人手托浅盆，盆中立有一块玲珑剔透的山石。诗人兼画家的王维,人们赞扬他的作品是"画中有诗,诗中有画"。王维除工诗画外,也擅长制作盆景,"以黄瓷斗贮兰蕙,养以绮石,累年弥盛",说明盆景艺术在唐代已形成,而且已从士大夫中间流入宫廷官邸。

宋代绘画艺术得到空前的发展,同时以画理用于制作盆景,使盆景有新的提高。不论宫廷还是民间,以奇树怪石为观赏品已蔚然成风。北宋皇帝赵佶颇有些艺术天分,虽然当皇帝治理国家无能,却是绘画写字的高手。他亲绘了一幅《祥龙石》盆景图,并题诗"水润清辉更不同"。这位风流皇帝还不惜血本动用民工,从千里之遥的江浙运太湖石至东京汴梁修园林,做山石盆

盆景

景,现在上海豫园、北京故宫存放的太湖石便是佐证。当时制作的盆景已相当精细,分为树木盆景和山水盆景两大类。河南鄢陵是产腊梅的胜地,很多达官显贵的庭院客厅都陈设着鄢陵腊梅古桩和屏风式盆景。文学家苏轼、黄庭坚、陆游、王十朋都喜欢做盆景,所用的植物有松、梅、腊梅、菖蒲等,石品多达一百一十六种。真可谓:"造物成形妙画工,地形咫尺远连空。蛟龙出没三万顷,云雨纵横十二峰。清座使人无俗气,闲来当暑起凉风。"小中寓大,咫尺小盆可观千里之景。

明清盆景

到了明代,有关盆景的记载、诗画就更多了。当时的盆景以培养松竹为上品,陈设在几案者为第一,列于庭榭中次之。据陆廷灿的《南村随笔》记载:"择花树修剪,高不盈尺,而奇秀苍古,具虬龙百尺之势……栽以佳盆,伴以白石,列之几案间……俨然置身长林深壑中。"

在清代,供养盆景的风气更盛。园艺名典《花镜》对此有详细记载。乾隆年间,扬州地方广筑园林,大兴盆景。李斗在所著《扬州画舫录》中写道:"家家有花园,户户养盆景。"当时把盆景植物分为四大家、七贤、十八学士和花草四雅。树木盆景以"露根"、"七枝到顶"的造型为美。

四川盆景

我国的盆景艺术，大致可分为四川盆景、江浙盆景和岭南盆景三个流派。

四川盆景分山水盆景和桩头盆景两类。山水盆景多以瘦、漏、奇、皱之石为之，不用人物、桥亭等点缀物，仅以竹、树、水配合，使人在咫尺之内能瞻巴山千寻、蜀水万里，显得幽秀险雄。桩头盆景以地方树种为材料，盘根错节，悬根露爪，以丰富多彩的传统蟠扎技艺见长，古雅奇美。将树干蟠扎成拐弯曲折向上，是四川桩景的独特风格。

江浙盆景

江浙盆景以松、柏、榆、杨（黄杨）为主要材料。江浙盆景又分上海、苏南、苏北、杭州四个流派。

上海盆景以树桩、山水并重。植物材料中以五针松、锦松、黑松为主，内采众家之长，外取日本盆景之优，具有结构严谨、讲求比例、加工细腻、点缀不繁的特点。尤以微型盆景著称，小巧玲珑，精美剔透。苏北的扬州盆景以"云片"或枝盘为主要特色，平薄如厚纸。桩头主干造型属于曲干类，如台式、巧云式、提篮式、过桥式等。苏南盆景以苏州为代表。著名园艺艺人朱子安改造传统蟠扎手法，以剪截为主，使盆景造型显得苍古雄浑。杭州盆景以浑圆丰满为特点，树冠如盖，稠密繁茂，别具情趣。

盆景

岭南盆景

岭南盆景是广东、广西、福建等地盆景的总称。岭南盆景为全国盆景新秀,多用福建茶树、岭梅等为材料,其特点或苍古遒劲,豪迈雄奇;或轻盈潇洒,文静飘逸,显示出岭南山雄水秀、佳木葱茏的特色。

盆景

盆景器具

盆景的制作,一般采用小型或微型树桩、山石、陶制人物、飞鸟等进行组合。创制一盆好的艺术盆景,要立足于诗情画意的宗旨,要运用盈尺之盆,甚至方寸之盆巧妙展示天地情趣,给人以广大而又精微的艺术感染力。

在盆景制作中,除了讲求植物和山石的选材、定义、造型之外,还需注意选择盆具和几座,故有"一景二盆三几架"之说。

盆景使用的盆具各式各样,从容量来说,有深与浅两种,深盆适宜培植用土多的植物,浅盆用于栽种用土少的植物,或者是安放山石。从造型来说,有正方形、长方形、八角形、圆形、椭圆形、方柱形、圆柱形等多种。一般而言,正方形盆和长方形盆显得稳实端庄,八角形盆在端庄中露玲珑之气,圆形盆和椭圆形盆有流畅生动之象,方柱形盆和圆柱形盆多用于制作枝叶下垂式的盆景,有亭亭玉立之势。从质地来说,有石盆、瓷盆、陶盆、木盆等。石盆,一般盆口较浅,多是利用天然的岩石制成,因而造型随其自然,有山川天造之韵。瓷盆,外表带釉,光洁明亮,而且还绘有各式图案,显得高雅名贵。瓷盆内壁为了透气吸水,一般无釉。陶盆,多见为红陶盆,外壁平整光洁,常有线刻的各种花草图案和诗词书法,图案和书法多涂白色、绿色和蓝色,有古朴典雅的情调。木盆,常见都较大,用木板拼箍而成,多用于种较大的树桩类植物。木盆外壁铁箍处有对称的两个铁环扣,以便于搬移。盆景使用的盆,大小随意,大者有尺余的大盆,小者小到方寸之盆。

盆景的盆具,除了需要盛水的山水盆景之外,在盆的底部都有一个或两个排水孔,这是为了泥

盆景

水渗水和植物透气的需要。盆景
制作完毕之后，还需要根据所造的
景和使用的盆，配置一个良好的几
座，以达到盆景完满的意境。

盆景

　　我国传统的盆景几座，多用红
木、紫檀木、枣木、楠木、黄杨木和
天然树根等材料制成。几座的大
小和形状均要与盆具互相配合，一
般有圆形、长方形、方形、椭圆形、
鼓形、多边形和书卷形等。圆形和
方形的几座有矮式的，也有高式和
高矮适中的。长方形、椭圆形和书
卷形的几座多为矮式的。利用天然树根进行加工或仿照老树根雕刻出来
的几架，也分高式和矮式。不论是哪一种几座，做工都要细腻，涂漆要求均
匀光滑，使之配合盆景才能显出美感。

　　要达到盆景制作的最佳观赏效果，需要根据盆景的具体特点，精心选
配相应特色的几座。如悬崖式造型的盆景，一般配以高足几座，这样使观
赏的人视线随之抬高，让人领略到悬崖下垂枝蔓的形态。如是用浅盆制成
的山水盆景，一般配置较低的几座，使人的视线放低，观赏时得到广阔深远
的感受。如是小型或微型盆景，应选配博古架、什锦架、多宝架，使之显得
琳琅满目，趣味盎然。

书画条幅

　　书画条幅是指将我国传统的绘画和书法作品，经过装裱师装裱成便于
张挂和欣赏的一种书画艺术形式。在古代达官贵人和文人墨客的书斋、厅
堂中，无不张挂有这种书画条幅。在当今一些有文化修养的人的居室中，
也常可看到这样的书画条幅。常见的书画条幅有中堂、立轴、对联、挂屏、
横披等不同形式。此外，还可看到不属于条幅系列的手卷、画片和圆光。

书画题款

　　鉴别和欣赏我国传统的书画条幅，不可不知书画的题款。

中国画的题款,是一幅画的整体创作的一部分,是画面的有机构成。名家的诗文、书法、题款,极大地深化了画面的意境,丰富了画面的情趣。

题款字数的多少不论,主要作用在于点明画面的内容。不管是片言只字,还是长篇大论,不管是写在显著位置,还是落在边角空隙之间,都由作者及画面的需要而定。恰当的题款位置,可以调节画面的布局,使之更具艺术性和欣赏价值。诗、书、画共同陶铸出中国画的民族特色。

文房用具

书画的题款之后是落款。古人在书画上落款,纪年的写法是按当时习惯,用朝代(也有不用朝代的)、帝王年号及年数。年数有用数字、干支或两者并用等不同的形式。落款上的纪时纪日有三种方式,或用四季,如春、夏、秋、冬、孟春、仲夏、季秋等;或用农历二十四节气,如立春、清明、中秋、立冬等;或用朔(每月初一)、望(十五)、既望(十六)、晦(每月最后一日)、弦(上半月叫上弦,下半月叫下弦)和浣(十日为一浣,上浣即上旬)等。

现今的书画落款,除了不用朝代、帝王年号外,其他大多依古人之例,也有落款用公元纪年的,但为数很少。

中堂和立轴

中堂就是竖挂在壁上的书画条幅。这种形式的产生可追溯到唐代之前,但自从明朝以来才见有这种名称。中堂的画幅在条幅中最大,一般大多张挂在厅堂的正中处,两旁配挂以对联。立轴的画幅比中堂小,但比对联大。立轴一般单独张挂,张挂的位置没有多大的讲究。中堂和立轴在书画中,是条幅的常见形式,各部分的名称都相同。

条幅在装裱中,常见有一色裱条幅、二色裱条幅、三色裱条幅和宋式裱条幅等四种形式。一色、二色、三色,是指装裱条幅时所使用绫的颜色。一色指整个条幅上下用同一种颜色的绫装裱,二色指用两种不同颜色的绫装裱,三色指用三种不同颜色的绫装裱。宋式裱,也称宣和裱,因为这种样式始于北宋徽宗赵佶的宣和年间。宋式裱是条幅装裱中最复杂的一种,除需要多种颜色的材料外,还需按画心(未经装裱的画家原作)大小刺古铜小边,镶在圈的上下,再备两条长小边镶在通幅两边。

　　条幅的这四种装裱形式中,都有天杆、天头、画心、距、地头、地杆、轴头等部分,其他以各自特点而有所增减。

书法作品

对联

　　对联即两幅成对的条幅。这一成对的条幅兴始自明末,到了清朝乾隆年间更加流行,几乎家家户户都撰吉祥词语悬于堂屋。现在,把对联挂于中堂画两旁,已成为一种装饰习惯。

　　在对联的装裱中,一般都是天地短,边就窄;天地长,边就宽。如果裱三十三厘米宽一百三十二厘米长的对联,边可用五厘米,天头三十厘米,地头二十厘米。装裱对联时,两个条幅必须用一样的材料。

挂屏

挂屏

挂屏，据说是由屏风蜕化而来。挂屏的屏幅分独景和通景两类。张挂通景画屏，必须顾及次序。独景数条，有的在内容上也有联系。例如，春、夏、秋、冬四景屏，虽各自独立，但却有固定次序。挂屏可用木板等材料拼制，也可用传统的书画裱制。就裱制而言，通景屏，即一幅完整的巨幅绘画分成数条装裱，按次序拼接悬挂，仍为完整的一幅画。挂屏的条数常见为四条屏、六条屏、八条屏、十二条屏等四种，多则未曾见，少则不算屏。

独景屏在装裱时，所用的材料与对联相似。通景屏的材料则是每条屏的天、地头相同，第一条屏的右边和最后一条屏的左边各镶边一条。挂屏形式的出现，解决了巨幅画作难以装裱的问题，带有灵巧组合的特点。

横披

所谓横披，就是可以悬挂的长短横幅。横披与手卷的区别，主要在于是否能悬挂。例如，把一幅横画装裱成上天杆或是月牙杆的，就称为横披。但如果是装裱成手卷，就不能称为横披，因为手卷不能悬挂。横披之名始于宋代。据宋赵希鹄说："横披始于米氏父子，非古制也。"宋以后的许多著作中也是如此记载。在装裱中，横披有一色绫镶天杆横披和两色绫镶月牙杆横披两种形式。上天杆的横披，两个立柱应一样大，上边稍比下边宽一些较好。上月牙杆的，地头要大于天头六点六厘米，以备上天地杆后，两个立柱一样宽。

手卷

手卷是一种幅窄而长的书画图卷。手卷一般不张挂，欣赏时随手展缩。

手卷可装裱成大镶套边、大镶转边、小镶套边和撞边四种形式。大镶手卷的结构有天头、隔界、迎首、副隔界、边、尾子。一般不太长的画心和迎首都用绫绢挖嵌，凡用整幅绫绢挖嵌的一般通称"圈"。

小镶套边手卷，迎首、画心、尾子上下不镶边，其他部分与大镶手卷比例一致。小镶套边手卷的天地、迎首、画心、尾子之间，也可只用三个隔界，分别联结成卷。

撞边，无论大镶、小镶都可以撞边。所谓撞边，就是用古铜色绢或纸，镶于裱件两边，包折于画的前边，其厚度必须减于画的一半，宽为一点六五厘米。

书法作品

画片

在一幅画上，四边镶绫绢，不上杆，不转边的叫"片"。一般都把片放在镜框里，所以也称"镜心"。片分立片和横片。立片是指竖式画心，横片指横式画心。在装裱时，画心周围的绫绢，也是按画心的大小决定。总的基本形式是：立片分天地，比例为天六地四；横片的是上下边一样宽，两个立柱一样大，但立柱要比边宽些。画片也有一色绫裱和二色绫裱的形式。

圆光是指一种圆形的画心。圆光的画心，既可装裱成画片，装入镜框里，也可以装裱成条幅，张挂起来。

古代室内陈设

起居神话篇

SHENHUA 神(话)

　　神话传说作为中华传统文化的一部分，千百年来对人们的生活一直有着深远的影响，在起居文化中是精神形式的不可替代的重要内容。

门·神

由来

　　门神是中国古代守卫门户之神。中国古代的门一般为左右开的两扇门，因而，门神一般也是两位。道家将居左的门神称"门丞"，居右的门神称"门尉"。祭祀门神是中国古代的五祀之一。《礼记·曲礼下》载："天子……祭五祀。"疏："祭五祀者，春祭户，夏祭灶，季夏祭中霤（宅神），秋祭门，冬祭行也。"

　　中国人祭门神由来远久，传说繁复，人物众多，几乎凡具威武者与带吉祥者，都曾被奉为门神。

桃符

　　最早具有门神功能的只是一块桃木。古人认为，桃木是"仙木"，能驱邪逐鬼，而且用桃木做成的剑，还可以斩妖除怪。于是，人们便在门

门神

前挂上一块桃木，以镇四方想来捣蛋的妖魔鬼怪。这块桃木，就是俗称的"桃符"。

战国以降至汉，桃木辟邪的风俗很流行，表现形式有桃人、桃印、钢印、桃汤之说。

桃人，削桃木为人形，立于户外门边，"冀以卫凶也"。桃印，刻桃木为印挂于门户上。《后汉书·礼仪志》记载："仲夏之月，万物之盛，日夏至阴气萌作，恐物不茂。""以桃印长六寸，方三寸，五色书文如法，以施门户。"钢印，是佩带在身上用以辟邪的桃印，上面刻有"庶疫刚瘅，莫我敢当"等字样。桃汤，指用桃木、桃果煮汤，或用于挥洒室内庭院，或当作饮料服用。《汉书·王莽传》称："桃汤赭鞭，鞭洒屋壁。"《荆楚岁时记》记载道："正月一日……长幼悉正衣冠，以次拜贺，进椒柏酒，饮桃汤。"

门神

中华文化撷萃丛书

138

宋代王安石《元日》诗中说："爆竹声中一岁除，春风送暖入屠苏。千门万户曈曈日，总把新桃换旧符。""新桃换旧符"是描写在除夕之夜家家户户用新桃符换下了旧桃符。桃符上常常画着两个神像，即驱鬼神荼和郁垒。

神荼和郁垒

神荼和郁垒是民间普遍晓喻的门神。在古代，对神荼和郁垒有多种传说，其中流传最广的是《风俗通义》卷八引《黄帝书》的记载：上古的时候，在东海度朔山上，有一棵硕大无朋的桃树，屈蟠三千里。在桃树遮盖下的东北边是鬼门关，有万鬼出入。在鬼门之上有两位神人，一位叫神荼，一位叫郁垒，主阅领万鬼，发现有恶害之鬼，就用苇索（芦苇绳子）捆绑起来，丢去喂老虎。神荼和郁垒死后，人们就用桃木板刻成神荼、郁垒的样子，或把他们的名字写在木板上立于门口，以镇鬼神。后来，人们就干脆把两人的像绘在两扇门板上，敬奉为门神。

荆轲

我国的门神，随着时代和文化的变化，经常有所变更。在汉代，流行将勇士画在门上以捍卫门户的习俗，据说当时最常被画在门上的是荆轲。荆轲曾经行刺一代暴君秦始皇，意在用荆轲的勇气与胆识来镇鬼神。

秦叔宝、尉迟敬德和魏征

到了唐朝唐太宗之时，因为一个"龙王讨命"的故事，又改变了门神的人选。传说，泾河龙王因与相命师打赌而触犯了天条，被判死罪并决定由魏征执刑。龙王得知后便请求唐太宗设法解救，要使魏征拖延行刑。唐太宗欣然允诺，就以下棋为名使魏征无法分身。无奈一个瞌睡，魏征梦中斩了泾河老龙王。龙王死后，恨唐太宗失言，就夜夜前来索命，鬼哭神嚎，吓得唐太宗龙体失安。于是，秦叔宝、尉迟敬德就自告奋勇，愿意为圣驾守门，遏却鬼怪。

秦叔宝，名琼，"身长一丈，腰大十围，河目海口，燕颔虎头"，长得像只"大金刚"，平日"最懒读书，只好论枪弄棍，厮打使拳"，十分令家人头痛。因爱"路见不平，拔刀相助"，赢得了一个"赛专诸"的美号。

尉迟敬德，名恭，俗称尉迟恭，"身长九尺，满脸胡须，面如铁色，目若朗星，威风凛凛，气宇轩昂"，能将一根一百二十余斤的铁鞭挥舞得虎虎生风，人称有二三千臂力。

有这两员大将把门，唐太宗睡了几天好觉，但是龙王的魂魄不肯善罢甘休，于是三四日后，后门又不得安宁。魏征受推荐成为后门守卫神，果然一夜通明无事。

守了几晚，唐太宗不忍三臣辛苦，就诏令画师画出三人画像，张贴于前后门，从此便平安无事。后来宫廷和民间便沿袭至今，在除夕张贴秦叔宝和尉迟敬德的画像，将他们当作了门神。《西游记》对此戏道：他们"本是英雄豪杰旧勋臣，只落得千年称门尉，万古作门神"。

门神

在旧时,买不起门神像的贫困人家,害怕邪鬼作祟,就在除夕晚上,用一把扫帚和一根黑炭棒,分别顶在门后,让鬼怪以为是秦叔宝和尉迟敬德黑白二神。

钟馗

在唐代,还有一位门神,就是不仅吓鬼,还吃鬼的钟馗。传说,有一次唐玄宗病重,梦见一大鬼捉住一小鬼,挖其眼睛而吃掉。唐玄宗就问:"你是何人?"大鬼回答:"臣叫钟馗,是武举不捷之士,死后决心为陛下除尽天下的妖孽。"玄宗梦醒,不药而愈,就命画工吴道子画其像。从此,钟馗被封为"伏魔公"。唐代的帝王常在年终时,将钟馗的画像颁赐给大臣们悬挂,借以驱逐厉鬼。民间沿袭至今,尤其在"五毒会集"的端午节,将钟馗画像或悬于室内,或贴于门首。

女门神

在元代出现了女门神,据说这女门神是杨家将杨宗保的夫人穆桂英。穆桂英武功盖世,的确非一般须眉能比。在民间出现过多位女门神,也有以宫娥为门神的。

门神

明清以来,门神更是纷繁多样,并带有地方色彩。如河南新乡、郑州一带的门神,多半是赵云、马超、赵公明和燃灯道人;陕西汉中一带,则以孙膑、庞涓、黄三太、杨香武为门神;河北石家庄一带的门神,多见为《征东》里的薛仁贵、盖苏文和《三国演义》里的马超、马岱,等等。清朝乾隆以后,在杨柳青的年画中,又见以门童和福、禄、寿三星为门神。据有人统计,能够点得出名姓的门神就有二十多位。

天官和太监

一般在神庙和民宅所常见的神荼、郁垒、秦叔宝、尉迟敬德、钟馗等都是武门神,宋代以后开始出现文门神。文门神较多的是天官门神,文官穿戴,左神捧鹿,右神捧冠。"鹿"、"冠"与"禄"、"官",同音,故左神称"晋(进)禄",右神称"加冠"。

将太监作为门神大概可归入文门神。在台湾保生大帝庙、关帝庙等处的门神多为太监,称为"双护太监"。

中国民间贴门神,在古代纯粹是为了避邪驱鬼,到了现代已经渐渐地演变为祈吉求福的象征。每年岁末新春,家家户户贴门神贴春联,反映了人们追求吉祥平安和美满幸福生活的良好愿望,也添加了新年的喜庆气氛。

由来

灶神,俗称"灶君"、"灶王"、"灶君爷"、"灶君公"、"灶王爷"、"灶王老爷",又称"护宅天尊"、"东厨司命九灵元王定福神君"、"九天东厨司命张公定福府君"、"九天东厨烟主"。传说,上天命令灶神在人间监察凡人的功过,随时记录,并且定期向上天报告,天神就据此评判善恶以增减人寿,故灶神又称"司命灶君"、"司命真君"、"司命菩萨"。

中国在几千年前就将祭灶列为天子五祀之一,至少在汉代就产生了所谓的"灶神"。民以食为天,灶与民生关系密切,因而中国祭灶风俗由来久远。

灶王爷

谁为灶神

灶神的身世一直扑朔迷离,根据稗官野史,至少有六种不同的说法:一说是轩辕黄帝。《事物原会》:"黄帝作灶,死为灶神。"二是祝融。《周礼说》:"颛顼氏有子曰黎,为祝融,祀以为灶神。"三是炎帝。《淮南子》:"炎帝于火而死为灶。"(炎帝神农,以火德王天下,死祀于灶神。)四是苏吉利。《荆楚岁时记》:"灶神名苏吉利。"五是张子郭。《敬灶全书》:"灶君姓张,名单(或作禅),字子郭,八月初三日圣诞,乃一家司命之主,最为灵感。"六是燧人氏。据《韩非子》说,盘古开天地之后,先民茹毛饮血,疾病丛生,后来圣人发明钻木取火,使人类知道熟食,使病痛和死亡大为减少,于是后人将发明以火熟食的祖先为燧人氏,并把他供奉在厨房里,早晚祭拜,以感念他的恩德。

灶神职掌

灶神本来只管厨煮之事,后又管起一家人的功过福寿。《敬灶全书·真君劝善文》载:"灶君乃东厨司命,受一家香火,保一家康泰,察一家善恶,奏一家功过。每逢庚申日,上奏玉帝。终月则算,功多者,三年之后,天必降之福寿。过多者,三年之后,天必降之灾殃。"《抱朴子·微旨》一书也说:"月晦之夜,灶神亦上天白人罪状。大者夺纪,纪者,三百日也。小者夺算,算者,一百日也。"这是说,灶神在每月晦日上天,向玉帝密报人的罪状,玉帝根据被告人罪的大小,罚其寿命。大罪以"纪"(一纪三百天)减寿,罪小以"算"(一算一百天)减寿。

相传,灶神每天都坐在灶上,冷眼观察所在主家老少的是非善恶,并在身两边各置善罐和恶罐以为记录,如这家人恶罐(贯)满盈,就要遭殃了。所以,民间最怕灶王爷在玉帝面前打小报告,为此对灶神毕恭毕敬,形成了对灶神的许多禁忌。如《敬灶全书·灶上避忌》就写道:"不得用灶火烧香,不得击灶,不得将刀、斧置于灶上,不得在灶前讲怪话、发牢骚、哭泣、呼喊、唱歌,不得在灶前小便、吐唾沫,不得在灶前赤身露体,月经未完的妇女不得经过灶前;披头散发者不得烧饭做菜,不得将污脏之物送入灶内燃烧,等等。"

祭灶风俗

我国祭灶的习俗可远溯到两千多年前的春秋时代,《论语·八佾》就有关于"媚灶"的记载。到了汉代,祭灶之风更盛。《后汉书》记载:"宣帝时(公元前73—49年),阴子方者,至孝有仁恩,腊日晨炊而灶神形见,子方再拜受庆。家有黄羊,因以祀之。自是以后,暴至巨富,田有七百余顷,舆马仆隶,比于邦君。子方常言'我子孙必将疆(强)大',至识三世而遂繁昌,故后常以腊日祀灶,而荐黄羊焉。"阴子方是光烈皇后阴丽华的祖父,祠祀灶神用黄羊从他开始。

　　祀灶日，又称"小除"、"小年"，明代在腊月二十四日，清代北方改在二十三日。在我国，祭灶风俗丰富多彩。清朝宫中每年的腊月二十三日都在坤宁宫设供祀灶，供品有三十三种，其中有专门从东北征贡的麦芽糖，即"关东糖"，还有从南苑猎取的黄羊一只。届时，皇帝、皇后亲至坤宁宫灶君神位前行礼。乾隆皇帝每到祀灶，还要坐在正面大坑上自己打着鼓板，唱一曲《访贤》。嘉庆皇帝时，又称祀灶为"媚灶"："嘉平小除夜，媚灶用黄羊。"

　　民间祭灶的供品不用黄羊，而是糖瓜和糯粉糖粑等。每逢到腊月二十三日，便在所奉祀的灶神画像上，抹上一些蜜糖，以便他到玉帝那里多说些甜言蜜语。还有的在灶神嘴上抹上一些粘糕，以便将他的嘴封住，使他到玉帝面前时张不开口，不能说长道短。据说也有人用酒糟去涂灶门，称为"醉司命"，意思是把灶神灌醉，让他在玉帝面前醉眼昏花，头脑不清。

　　灶神没有一定的神位和庙宇，多以绘制灶神的神祃替代。神祃，神像版画的俗称，又名"神马"、"纸马"。举凡井、灶、门、中霤、户等五祀神，各式各样的行神、佛道神像，民间信仰的财神、关公、妈祖等画像，都包括在神祃之内。灶神的造型多半年轻英俊，有时加上两撇八字胡，还有"灶神奶奶"陪祀在旁。复杂一点的灶神像，还画上拿着笔墨、簿本的灶神部属，一副斤斤计较、一丝不苟、随时准备抓人"小辫"的模样。有的灶君神祃还画上一群天真可爱的儿童，有人说这代表灶神夫妻膝下儿女成群，有人说是因为灶神喜欢儿童。灶君神祃两旁的对联，常见有"上天言好事，下界降吉祥"、"黄羊能致富，青钱可通神"，等等。横楣上多用"一家之主"、"司命灶君"等句。

　　在正月初四（一说除夕夜），就要把灶神从天上接回家来，俗称"接灶"。俗谚"送神风，接神雨"，即是说送神那天最好是刮大风，灶神可以一路顺风；接神这天最好是普降甘霖，使万物得以更生，洗去灶神风尘。接灶神的仪式很简单，就是在灶台上重新贴上一张新的神祃，象征灶神已由天上回到家中。

土　地　神

　　土地神，正式的名称是"福德正神"，福建方言称为"土地公"，客家方言称为"伯公"、"福神"。土地庙，在闽粤地区称为"土地公仔庙"、"福德祠"，客裔称之为"大伯公祠"、"福地"。

由来

　　土地的前身,叫社神,也称社公。古人因为"土地广博,不可遍敬,故封土为社而祀之"。统一王朝出现以后,抽象化的大地之神称为地祇、后土,由皇帝专祀,而各诸侯国、大夫采邑、乡里村社则奉祀管理本地区的社神。土地信仰的盛行是在宋代,当时无论城乡、住宅、园林、寺庙、山岳都有土地。明太祖朱元璋上台后,像对待城隍一样,革去土地神的各种爵号,仅称某地土地之神。

土地神

　　关于土地公的来由,民间有种种传说。或传说土地公原是尧帝的农官后稷,专门教导人民耕作的方法,后世为感念他的恩德,便把他奉为土地神或农作物的守护神。或传说,周时有一位姓吴的清高农官,辞官回家后,全心全意教民耕种之法,品德修养均称一品,很受人民爱戴,死后城隍爷为嘉奖他的功劳,就封他为"福德正神"。始见于文献的是蒋子文,据说他在三国吴时成为钟山的土地神。又有传说,由于南朝梁武帝的大臣沈约将自己父亲的墓地捐给了普静寺,所以寺僧们尊沈约为土地。洪迈的《夷坚志》中,关于土地神的传说相当多,有的布衫草履,如田夫状;有的家室齐全,老稚满堂。并且常有某人死后受天帝任命为某地土地神的叙述,而且土地神也与阳世的官吏一样,需要更代轮换。经过种种变迁,土地神在民间构成了与普通百姓最接近、慈善可亲,然而神通有限的形象。

　　按现在民间所祭祀的土地神来看,绝大部分都是男性,即穿红袍、白头发、白胡须,挂着长拐杖的土地公。可是在最初,土地神却是一位女性神。

《搜神大全》说："天公地母。"《诸神诞辰》说："三月十八日，后土娘娘诞。"
"地母"和"后土娘娘"自然就是土地女神。

土地庙

土地庙

土地公掌管土地，五谷的丰歉似乎全在他一念之间，所以民间祭祀甚勤，不论大街小巷、田头地尾或荒郊野外，都有土地公的庙宇，但一般格局都不大，普遍只有六十厘米至一米高，一米以上的都很少见。有许多地方的土地庙根本就只有方寸之间，神像放在其中就顶天立地了。设于田间的土地庙，有些只是一块石头，上面画道符，或贴个"春"字，仔细一点的，就在上面恭恭敬敬地写上"福德正神"四字，以明正身。民间的一个俗语说道："土地老爷本姓张，有钱住瓦屋，没钱顶破缸。"《破除迷信全书》一〇卷对此也写道："北京皇城内有社稷坛，为四方形，分两层，上层用五色土筑成，乃是皇帝祭土神谷神的地方。至于论到乡间里，虽然是十室之邑，亦必先立下一座小土地庙，庙多以石筑成，尺寸不等，最低者不过一二尺，神多以石凿成。俗语曰：'土地土地，住在石头屋里。'就是指着此事说的。社会上对于土地的敬拜礼节，也不一律，乃是随地随意自由行动，有时于荒野间，见有高约一二尺的小土地庙，两旁贴有对联是：'石室无光月当灯，荒野无人风打地'。"

职掌

土地神的官职原来也是很大的，有"天公地母"之说，就是说上有天帝最大，下有土神最大。在隋朝以前，土地神都是由国家统一祭祀。到了隋朝，不知哪位皇帝说了一句："天下土地这么宽，土地神怎么祭呀？"结果土地神的官职一落千丈，从原来管整个地球的大神，变成了社神、乡神、村神，甚至为田头伯公、桌几下面的龛神、看守坟墓的后土之神。清代赵懿《名山县志》写道："土地，乡神也，村巷处处奉之，或石室或木房。有不塑像者，以木板长尺许，宽二寸，题其主曰某土地（也有用黄表纸写某某土地之神位）；

塑像者，其须发皓然，曰土地公，妆髻者，曰土地婆，祀之纸烛，淆酒雄鸡一。"

土地公依其职司功能，有守护山林的土地公，守护农田的土地公，守护桥梁的土地公，还有守护家宅、家畜的土地公，可以说，土地公无所不在。在《西游记》中，每当孙悟空对当地的风土人情、山川地势或妖魔鬼怪不甚了解时，只要把金箍棒往地上一敲，唤一声："本方土地何在？"便立刻就有一位皤发龙钟、拄立拐杖的老者应声而出。

据说人死后，必须先到土地庙报告，递上死亡证明书。下葬后，再到城隍爷处报到，注销阳间户籍，登录阴间户口。婴儿出生，家人也必须去土地庙报告，一方面登记户口，另一方面则为婴儿祈福。还有人干脆拜土地公为婴儿的干爹，以受福荫。

祭祀

中国自古以来，以农业立国，所以对土地与五谷容易产生一种崇拜心理。早在有虞氏时，就已有"封土为社"的习俗，殷商时代也"立石"为社，而所谓的"社祀"，据研究就是祭祀土地神。《独断》记载："先儒以社祭五土之神。五土者，一曰山林，二曰川泽，三曰丘陵，四曰坟茔，五曰原隰。明曰社者，所在土地之名也。凡土之所在，人皆赖之，故祭之也……又问曰：社既土神，而夏至祭皇地祇于方丘，又何神也？答曰：方丘之祭，祭大地之神；社之所祭，乃邦国乡原之土神也。"

在农村，祭拜土地公通常是在农历二月初二，据说这一天是土地公的生日，称为"春祭"。这时也是农忙播种季节，一方面祈求土地公保佑丰收，一方面也祝福土地公万寿无疆。农历八月十五日，相传是土地公升天之日，这时祭拜，称为"秋祭"，感谢土地公一年来的福佑。这就是古代所谓的"春祈秋报"。

自古以来，民间祭祀土地神都很隆重。据南朝的《荆楚岁时记》载："是日，民家结成会社，杀牲备供，于树下祭神。并作饼，佐以生菜、韭黄、豚（猪）肉为食。"

在都市,土地神被商人当做财福之神崇拜。二月初二这天,商家都要为土地神举行盛大的祭典,叫"做牙"(吃犒劳)。因为二月初二是最初"做牙",所以又称为"头牙"。这天晚上,店主照例要用祭拜土地公的牲醴,招待伙计、房东、亲友和老主顾,这叫做"造福"。十二月十六日是一年最后的"做牙",所以又称"尾牙"。

由来

财神,这是人类乞求财富而幻想产生的一位向人间送发财宝之神。俗话说:"财神进门来,四季广招财。"在中国古代,特别是明清时期,主要流通的货币是银锭,俗称元宝。因而,元宝就成了"财"的同义语。

在我国民间,关于财神的说法很多。《集说诠真》就说道:"俗祀之财神,或称北郊祀之回人,或称汉人赵朗(赵公明),或称元人何五路,或称陈人顾希冯之五子,聚讼纷如,各从所好,或浑称曰财神,不究伊谁。"总而言之,中国财神主要有武财神、文财神、万山财神和五路财神等。

武财神

武财神主要有赵公明和关羽。赵公明,又名赵玄坛、赵朗,民间俗称"赵公元帅"、"玄坛爷"。赵公明被奉为财神,主要出自《封神演义》。

除了赵公明,民间还将关公奉作武财神。说法是,关公忠义文武双全,视"不义而富且贵"为奇耻大辱,只有为人忠义才配发大财,而且,据说关公生前精通算术。这样,一般商店都奉"关圣帝君"为财神。

文财神

文财神一般是指商纣王的叔父比

干。比干被奉为文财神,也与《封神演义》有关。书中写到姜子牙大封诸神时,封比干为"文曲星君"。在科举时代,士人学子以科名为重,一切功名利禄都在科举中求得,而文曲星君掌管的就是功名之事,所以读书人就奉比干为财神,俗称"文财神"。

《三教源流搜神大全》说文财神是"文昌帝君",又叫"梓潼帝君"。据说,文昌帝君做了十七世人,世世都是士大夫,乐善好施,周人之急,济人之乏,容人之过,悯人之孤,所以穷困孤苦的人都奉他为财神。

另一位文财神是春秋时期越国的范蠡。范蠡本是越王勾践手下的大臣,足智多谋,帮助越王打败了吴王,成就了霸业。之后就隐姓埋名,到齐国经营农业和商业,发了大财。他三次发财,三次都把所得钱财分散给穷朋友和疏远的亲戚,把"金钱"二字看得很淡薄。最后他积了一笔大财,在陶邑定居下来,自号"陶朱公"。还有一种说法,范蠡想到自己是逃出来的,故改姓"陶"(逃);又曾任高官,常穿红袍,故名"朱";位在公爵,故便称"陶朱公"。范蠡能发家致富又能散财,故被奉为文财神。

一般民间所奉祀的财神,都是文武财神并列,称之为"文武财神"。文财神是《封神演义》里被纣王剖心而死的比干,武财神则是《封神演义》中另一位被姜太公剜去双目的赵公明。比干无心,不致有偏颇之心;赵公明无眼,不致以势利眼看人。以这样两位神明来主持分配人间的财富利禄,当不至于偏颇不当。

万山财神

据传说,明朝年间有一人叫沈万山(或作沈万三),他是当时南京的首富,他有一个聚宝盆,无论将什么东西丢在里面,都会变成宝物滚满整盆。他曾以巨资帮助明太祖朱元璋打天下,朱元璋登基后,就封他为"招财王"。从此以后,民间就奉沈万山为"财神爷"。

五路财神

五路财神,亦称"五显财神"。所谓"五路",是指东、西、南、北、中五个方位。"五路财神"的意思就是网罗四面八方的财神。

五路财神也有另说,《无锡县志》载,五路财神不是四面八方之神,而是一位姓何名五路的人,元朝末年御冠而死被祀为神。还有说,五路财神原是五个姓伍的兄弟。五路财神庙,旧称"五显庙"或"五通神庙"。

此外,还有以土地公为财神。

中国的财神多是正义善良之神,无非是提醒人们"君子爱财,取之有道",不取非分之财,还要散财行义。

我国民间的财神像,一般多是单一男像居于画中间,如有男像和女像并列的,就称为"财公"、"财母"。

玉皇大帝和三官大帝

玉皇大帝

玉皇大帝是神中的至尊,或称"玉天大帝"、"玉皇上帝"、"昊天上帝",俗称"上帝"、"天公"与"天公祖"。玉皇大帝居住在天上的玉京,故名之"玉皇",不但授命人界的天子管辖民众,还统摄天、地诸神,无论儒、道、佛诸仙都受其令,可谓是神中之神。

名号 玉皇大帝是中国民间信仰中的最高神。恰如《聊斋志异》所说:"天上有玉帝,地下有皇帝。"它是封建皇权在鬼神世界的象征。

中国自殷周以来,已有最高神"上帝"的观念,但都将"天"与"上帝"融为一物,称为"昊天上帝"、"皇天上帝"。到了汉代,上帝叫"五方帝"、"太一"、"五感生帝"。在东汉末,又以北极星为天皇大帝,名耀瑰宝,总领天地五帝群神。但自王莽新到唐,国家祭天大典,都祀"皇天(或称'昊天')上帝"为主。

"玉皇"、"玉帝"之称,最早见于《真灵位业图》。到了唐代,"玉皇"、"玉帝"之称渐趋普及。"玉皇",原为道教的名称。张政烺先生研究说:"古人信服食玉,可以长生,又以为纯洁清静之征,故道教凡称神仙,其侍曰玉女玉郎,其域曰玉京玉清,其居曰玉

哪吒

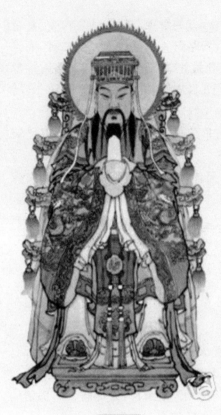

玉皇大帝

阙玉楼，其书曰玉简玉册，其动植物曰玉兔玉蟾玉树玉芝，皆美称也。"唐代的文人骚客都常称天帝为"玉皇"、"玉帝"。李白、杜甫、韩愈、柳宗元等也常在诗中吟咏玉皇，描绘其壮丽天宫、随侍群神。于是，天长日久，约定俗成，民间信仰中的"天帝"和道教诸神中的"玉皇"合而为一，称"玉皇大帝"或"玉皇上帝"。

从唐宋开始，玉皇大帝受到封建朝廷的推崇。宋真宗赵恒即位后，认为"玉皇大帝"、"玉皇上帝"的称号不够高，于是在大中祥符八年（1015年）正月初九，加封玉皇大帝为"昊天金阙至尊玉皇大帝"，全称为"昊天金阙无上至尊自然妙有弥罗至真玉皇大帝"，亦称"玄穹高上玉皇大帝"。宋徽宗政和六年（1116年），又加玉帝尊号为"太上开天执符御历含真体道昊天玉皇上帝"。

自宋徽宗以后一直到清，除了个别皇帝在宫中自设三清、玉帝之像供奉外，在国家祭天大典中，并不承认玉皇，仍奉祀昊天上帝。

职掌 传说，玉皇大帝管治天神、地祇、人鬼。天神是指天上所有自然物的神化者，包括日月、星辰、风伯、雨师、司中、司命、五显大帝、大官大帝等；地祇是指地面上所有自然物的神化者，包括土地公、社稷神、山岳神、海河神及百物神等；人鬼指世间人物死而化神者，包括先祖、先师、功臣、先王等。

玉皇大帝统领天、地、人三界，其下有分掌各职的天神，有完善的政治组织机构。在中央，有文昌帝君管学务，关圣帝君管商务，巧圣先师管工务，神农大帝管农务，十殿阎王管司法；在地方，有城隍爷、土地公、境主公、东岳大帝、青山王等，此外还有各神祇分司细务。

道教以玉皇大帝是万物元始的至尊，故又敬称为"元始天尊"。据道家传言，在天地未分之时，阴阳混沌，有一气之神化即天地之精，当时天空大如笠（称作"大罗"），历经数百劫，始生成地。"元始天尊"在玉京，与其所生的"大元玉女"通气结精，生天皇氏、地皇氏、人皇氏，乃至伏羲、神农、黄帝，而有以下万民。

因为玉皇大帝是如此的崇高伟大，所以民间无法为他雕塑神像，而以"天公炉"象征，如果要祭玉皇大帝，就每天对天公炉焚香膜拜。另有一种说法，玉皇大帝是"三官大帝"中的"天官"，祭典要供奉"三界炉"，上香致意。

由于玉皇大帝是"天"的具体神化，所以，一般天公崇拜没有偶像，即使在庙宇中也以牌位代替。因为苍苍上天，抬头即见，有了偶像反而不像。某些农家仅在庭院前竖立一根竹竿，表示玉皇大帝无影无形，要祭他只能祭天了。

玉皇大帝像

三官大帝

三官大帝之神的产生与道教有很大的联系。道教以天、地、水为"三元"，因为三官大帝是主管三元之神，故而又称"三元大帝"。

传说，天官管神明界，即"天界"，地官管"人界"，水官管"阴界"，三官奉玉皇大帝的命令管辖上下纵列三界，故称"三界公"。

在民间，关于三官大帝的传说很多。有的认为，三官大帝就是尧、舜、禹三位帝王。尧爱民如子，禅让帝位，至仁感天而为"天官"；舜待父母至孝，垦土开荒而为"地官"；禹治水功高，德被百姓而为"水官"。

道教奉尧帝为"上元一品赐福天官大帝"，位居紫微宫，头上戴着冕旒冠，巍然高坐在檀香金龙椅上，身穿黄龙袍，手执朝天笏，慈眉善目，令人如沐春风。

道教奉舜帝为"中元二品赦罪地官大帝"，也是头戴冕旒冠，位居清虚宫，身穿红龙袍，手执玉笏。派遣"监察神"八方巡游，"三尸神"呈报人间的罪恶，来判决如何补过、赦罪。中元节是地官大帝下凡人间赦罪之日。

道教尊奉禹帝为"下元三品解厄水官大帝"，居清华宫，身穿紫龙袍，手执玉笏。民间传说，下元节是禹帝下凡人间为民解厄之日，所以下元节又叫"消灾日"。

俗云:"天官好乐,地官好人,水官好灯。"上元、中元、下元三天被看成是三官大帝的祭日或三界公的生日。在此三日,民间必有大祭。特别是正月十五的上元节,更是热闹非凡。在这一天,家家一大早就把五牲(南方多为三牲)和果菜摆在桌上,烧香,占卜一年福祸吉凶。祭酒三巡后,烧纸钱,乞求天官赐福。祭礼完毕,撤供。

关圣帝君

名号

关圣帝君,又称"关圣大帝",是民间对关羽死后成神的敬称,简称"关帝",俗称"关公"。此外,还尊称关公为"关恩主"、"恩主公"、"关二爷"、"关帝爷"、"帝君爷"、"文衡帝君"、"伏魔大帝"等。

中华文化撷萃丛书

152

关帝像

儒教有"山东一人作《春秋》,山西一人读《春秋》"之语。山东一人指孔子,山西一人指关公。关公才能超凡入圣,尊称为"武圣"。与"文圣"孔夫子对称,又名"关夫子",因为关公是山西人,又称"山西夫子"。儒者还赐封关羽为"亚圣"、"亚贤",判为五文昌之一。

谥号

关羽被奉为神,是从隋朝一个和尚的梦开始的。《佛祖统记·智者传》说,天台山僧人智顗于开皇十二年(592年)到当阳县筹建道场(即建寺传教),夜见一长髯神人,自称是汉将关羽,为当阳山主,愿做佛门弟子,供护佛法。智觊和尚把他的梦告诉了晋王杨广,关羽遂被封为护法神——伽蓝。

佛教敬称关公为"护法爷"、"伽蓝尊王"、"盖天古佛"等。"伽蓝"义释为白象园或众园,是僧侣所住的园林。一般叫佛寺为"伽蓝",守护佛寺的神也简称"伽蓝"。佛教以关公神勇,将他奉为护法爷,自然也将他称为"伽蓝"。在民间的佛画中,若绘有观音或佛祖的神像,必有以关羽立像为副,即有护法之意。

从宋朝开始,关羽被历代皇帝所追封的谥号就达十几个。宋哲宗率先开始将"显烈王"的匾额赐给当阳玉泉寺。宋徽宗曾先后封给关羽"忠惠公"、"武安王"、"义勇武安王"三个爵位。南宋高宗封关羽为"壮缪义勇王",孝宗改封为"壮缪义勇武安英济王"。元朝文宗加封关羽为"壮缪义勇武安显灵英济王"。明太祖朱元璋封关羽为"寿亭侯",明神宗封为"三界伏魔大帝神威远震天尊关圣帝君"。清顺治帝给关羽封号:"忠义神武灵佑仁勇威显护国保民精诚绥靖诩赞宣德关圣大帝",长达二十六字,创历史之最。

武庙

历代祭祀关羽,在于把关羽奉为礼、忠、义、信的典范。关羽秉烛保嫂,是守"礼";千里寻兄,是尽"忠";华容道放曹,是行"义";单刀赴会,是守"信"。平生行事,处处表现出大智、大仁、大勇的节操,故为世人所推崇,设"武庙"祭祀。

武庙,也称关帝庙。有称关公为"协天大帝",故武庙又称"协天庙"。民间传说,正月十三是关公的"飞升"日,五月十三是关公的"寿诞日",多在这一天祭祀关公。传说在每年五月十三日还会下雨,谓之"磨刀雨",有传说这天还是关公磨单刀赴会的日期。

关公的神像有两种:一是文装打扮,穿着龙袍,面带微笑,雍容慈祥,完全是文人智士之风;另一是武装打扮,也穿着龙袍,但眼睛上扬,鼻高脸宽,有

关帝像

刚毅坚忍之气,完全是大丈夫的雄姿。关公神像或画像,两旁都陪侍有"周府将军"(关公的部将周仓,俗称"周仓爷")和"灵侯太子"(关公之子关平将军)。配祀的有"伏魔副将"(即张飞)和"子龙爷"(即赵子龙)。

除了一般人笃信关圣帝君外,商人更视关公为他们的保护神。一因传说关公生前善于理财,长于会计事务,增设笔记法,发明日清簿,这种记账法设有原、收、出、存四项,非常详明清楚,后世商人公认为会计专长,所以奉为商业神;二因商人谈生意做买卖最重义气和信用,关公信义俱全,故受商人尊奉;三因传闻关公战死后,灵魂又回来复仇,争取最后胜利。而商人做生意只求赚钱,不能赔本,若有所挫败,要以关公为榜样,来日东山再起,争取最后成功。

庙联

在崇信关圣帝君的习俗中,产生了许多有趣的庙联。如湘潭市关圣殿联写道:

匹马斩颜良,河北英雄皆丧胆;

单刀辞鲁肃,江南士子尽低头。

左宗棠曾撰常德关帝庙联:

史策几千年未有,上继文宣大圣,下开武穆孤忠,浩气长存,树终古彝伦师表;

地方数百里之间,西联汉寿旧封,东接益阳故垒,英风宛在,想当年戎马关山。

宁夏六盘山关帝庙联:

拜斯人便思学斯人,莫混账磕了头去;

入此山须要出此山,当仔细扪着心来。

台湾一关帝庙联:

义勇腾云,一朝兄和弟;

忠心贯月,千秋帝与王。

这些庙联,反映了民间奉祀关帝圣君的各种心理,既想从关帝神中得到什么,又想从关帝神中寄托什么。

文昌帝君

由来

　　文昌帝君，又称文昌神。旧时文人学士都虔信文昌帝君。俗语说："孔子但把教育扬，魁星拈笔点双魁，文昌留眼送禄来。"文昌帝君被视为主宰人世功名利禄之神，能保佑文子科举夺魁，功名利禄，故而，民间士子对其祭奉远较孔子为盛。旧话说："一命二运三风水，四积阴德五读书。"命、运、风水、阴德都比读书重要，若想状元及第，不一定真的要有学问，一切还是靠命运。命、运乃上天注定，风水则是靠多积阴德。假若读书人能广积阴德，就能及第。文昌帝君既掌功名利禄，又管人间阴德修善，于是备受士子崇拜。

传说

　　民俗所谓的"文昌帝君"颇为纷杂，有天神和人神两种说法，天神指文昌星，人神指文昌帝君或五文昌。

　　文昌星，又称"文曲星"，旧时传说是主持文运科名的星宿。《儒林外史》第三回写道："如今痴心就想起中老爷来，这些中老爷的都是天上的'文曲星'。"

　　清人赵翼撰《陔馀丛考》，说文昌帝君是"张恶子"。张恶子本是黄帝的儿子，名叫挥，因为他善于造弓弦和张罗网，故以张为姓。在周朝时，曾化作山阴张氏的儿子，以擅长医术，辅助周公。死后又转投张无忌的妻子黄氏腹内，就是以孝友闻名的张仲。之后又化身为汉高祖的儿子赵王如意，和母亲戚夫人同被吕后所杀。而后再转生赵国张禹家，名勋，曾任清河令。西晋末年复生于越隽张氏，叫张恶子。

在民间,张恶子或写作"张亚"、"张亚子"。又有史书记载,张亚是唐朝越隽人士,后来迁徙到四川梓潼县,居住在七曲山,笃信道教,广宣道教教义于四川,死后人们敬仰他的品德,便在七曲山建了座"清虚观",碑石刻"梓潼君",以供奉膜拜。道家传说"梓潼君"掌文昌府事和人间禄籍,后来就加号称"梓潼帝君",简称"梓潼君"。唐元延初加封为"辅元文昌司禄帝君",简称"文昌帝君"。

传说文昌君著有《阴骘文》、《感应篇》、《劝孝文》、《孝经解》等书,或许因为这些书有益教化,故学者敬畏而崇祀他。

在民间,一些地方还把文昌帝君和"文衡帝君"、"孚佑帝君"、"魁星"、"朱衣神"合称"五文昌"。"文衡帝君"是关公;"孚佑帝君"即吕洞宾;"魁星"原是北斗七星之一,民间俗称"大魁星君"或"大魁夫子",也有将"魁星"写作"奎星","奎"字是文章之府的意思;"朱衣神"也是星君,昔日称科举的主试官为"朱衣使者",是以"朱衣神"主管科举而得名。

在民间,普遍建有文昌祠或文昌阁,祭祀文昌帝君。据说,文昌帝君有匹坐骑,叫"禄马",在文昌帝庙内拜祀为"禄马神"。俗语说:"禄马嘚嘚跑,官位步步升。"所以,一些居官者,余暇常到文昌祠祭拜,以祈官途顺利,平步青云。

福　禄　寿　三　星

"福"、"禄"、"寿"三星是我国广为人知的幸福神明。福、禄、寿代表了中国人生活观中最高和最终的愿望。

福神

普天下的人都希望幸福、有福气,都希望全家人身体健康,老人长寿,钱、粮、用物丰盈,万事如意,心想事成。商贾希望生意兴隆,年年发财;农家希望五谷丰登,六畜兴旺;做官的人希望官运亨通;读书的人希望出人头

中华文化撷萃丛书

156

地;打鱼的人希望满载而归。在这种心理的支配下,人们便造出一个能降福于人的福神。

据《唐书》记载,这福神姓阳,名城,字亢宗,或写成"阳成字"。阳成字原为北京人,后迁山西省夏县定居,官至道州(今湖南道县)刺史。

阳成字被祀为福神,《三教源流搜神大全》卷四记有这样一个传说:古时道州出了许多矮人,人称为矮民。汉武帝很喜欢玩矮民,每年要派人从道州选送几百名长得比较好看的男性矮民进宫,供他当奴隶玩耍。百姓们的儿子尽管长得矮,但他们也是父母的心头肉,年年要送很多儿子进宫当奴隶,做父母的很痛心。道州刺史阳成字就根据民意写了一封奏折送给汉武帝,说:"臣按五典(即仁、义、礼、智、信五常,亦泛指历史、史书),本土只有矮民,无矮奴也。"汉武帝受到感悟,再也不玩矮奴了。道州人感激阳成字,便把他的像挂起来当福神祭祀。此事传开,阳成字便被奉为福神。因为阳成字长得比较矮胖,所以后世所绘的福神像多是矮胖老头。

各地传说不一,也有把天官奉为福神。

在民间,许多人在自家厅堂里、大门上,甚至厨间、床头,用红纸写上个"福"字,让这个福字来致福迎祥。但这福字无形无象,有人便画了一个蝙蝠来代替,因为蝙蝠有一个"福"的谐音。将蝙蝠与云("云"与"运"谐音)组图就称福运;蝙蝠与钱组图,叫"福在眼前";蝙蝠与盘长(佛家八宝之一,其状连锁,寓意无疆)组图,就叫"福分无疆"。北方人还喜欢在过年时,把福字倒过来贴,说是福到了的意思,取"倒"、"到"的谐音。

禄星

禄星是人们对禄的追求而臆造的神。"禄"与"鹿"同音,民间吉祥图中常以"鹿"的形象来表示"禄"的内容。

禄,原意为仕之意,常以"官禄"、"俸禄"的词出现。事实上,人们对于禄的追求,在很大程度上是为了满足食,即食欲。

对禄的另一方面的追求形成了官本位的思想。如关中农村的匾额上大多写有"耕为第"或"耕为仕"的语句。故而,禄星主官运。

寿星

寿星,本指南极老人星,或指天空的某一区域,即十二次之一,其范围相当于二十八宿中的东方角、亢二角。《尔雅·释天》:"寿星,角亢也。"郭璞说:"数起角亢,列宿之长,故曰寿。"这寿星,据《汉书·律历志》载:"日至其初为白露,至其中为秋分。"这是我国天文学的伟大发现与运用。

老寿星

秦汉时期所祀奉的寿星,就是这一颗南极老人星。当时认为,寿星掌握国运长短兴衰。《史记·天官书》载:"西宫狼比地(星宿的区域名)有大星,曰南极老人。老人见,治安;不见,兵起。"这是说,在西宫狼比的星区中,有颗大星,叫南极老人,能见到这颗星,国家就长治久安,见不到这颗星,就要起兵祸。

到了东汉,南极老人星逐渐从自然的星辰转变为主管人间寿命的人神,所以东汉把祭祀老人星与敬老活动相结合。东汉之后的历代皇朝都把祭寿星列入国祀典,直至明太祖朱元璋洪武三年(1371年)时才停止这种国祀活动。

今日所奉祀的寿星形象,都是白发老翁,头长长,脑门高高,右手拄着一根弯弯曲曲的长拐杖,左手托着一个大寿桃。因此,桃也成了长寿的象征物。寿星手中的长拐杖,据《后汉书》载:"仲秋之月,年始七十者,授之以王杖,哺之以糜粥。八十、九十,礼有加赐。王杖长九尺,端以鸠鸟为饰。鸠者,不噎之鸟也,欲老人不噎。是月,祀老人星于国都南郊老人庙。"据《桯史》说,凡老寿星扶之杖一定要高过人头,而且还要有弯曲奇象,如果拐杖直而短,仅到身一半,则是不祥之物。因此,旧时老人所拄的拐杖,都弯弯曲曲高过人头。

民间的长寿之意,有时也用类如蟠桃和意化的寿字等来表示。

在民间的观念中,福与寿是相联系的。汉民族喜欢讲"五福",即一寿、二富、三康宁、四修好德、五考终命。五福以寿为先。事实上,人们对于寿的追求,不仅要求现在生存,而且要使寿命延长,下及子孙万代,无限延绵。如对联中常见"福如东海长流水,寿比南山不老松"。在民间的习俗中,还喜欢在死者的墓碑上刻"福寿"二字,如在华北农村的墓碑常有"福寿全归"字样,认为人死后的最高境界就是福寿。

中华文化撷萃丛书

风 雨 雷 电

中国是一个有着悠久农业历史的大国,耕耘于田畴沟壑间的民众对风、雨、雷、电等大自然现象有着不同寻常的怀疑与恐惧心理,有自己独到的解释。他们认为,之所以有风、雨、雷、电,是因为"神"在作祟,有所谓的"风神"管风,"雨师"管雨,"雷公"、"电母"分管雷、电。

风神

"风神",俗称"风伯"、"风师"、"风天王"、"风伯天君"或"巽二"、"风姨"、"方道彰"、"方天君"等。

《洪范传》中说:"箕星好风。"《风俗通》也说:"风伯神,箕星也,其象在天能兴风也。"于是,天上二十八宿的箕星成了风神。在《易经》的八卦中,"巽"象征风。"巽"又代表长女,"长"在古代称"伯",所以风神便叫"风伯"。风伯以和气化育万物,有功于人,因此古代王者常加奉祀。在地支中,"戌"之神也为风伯,故在丙戌日祭祀。

在反映南方文化的《楚辞》里说,风神的名叫"飞廉",是一种神禽,能招致风气,头形像饮酒用的爵器,有角、蛇尾、鹿身、豹纹。

老子《道德经》里的风神名叫"吒君",号"长育"。《氏族博考》里的风神叫"方道彰"。

民间根据传说中的风神,想象出一位身穿府袍,浓眉蕃胡,态度安详的天神。风神右手执着如意(或执箧、扇子),左手拿着风壶(或执轮)。传说,风壶的形状像葫芦,里面装满了天地间所有的风,强风弱风,微风暴风,都由它控制。

雨师

俗话说:"风调雨顺,国泰民安。"风有"风神",雨便有"雨师"。雨师,或称"青龙爷"、"雨仙爷"。

在我国的古代典籍中,关于雨师有种种传说。有记载说,"司雨之神"是天上二十八星宿中的"毕星",有所谓"毕星好雨"、"月离于毕,俾滂沱矣,是雨师毕也"。

《山海经·海外东经》郭璞注："雨师谓屏翳也。"《氏族博考》称"雨师陈华夫"。《左传》谓雨师为"元冥"。《搜神记》载雨师乃"商羊"，是一种神鸟，只长着一条腿，身体忽大忽小，能吸干大海的水化为雨雾，喷洒在大地上。

雨师

《历代神仙通鉴》卷一记载，在神农的时候，因为很久没有下雨，大地干裂，庄稼都枯死了。有一个野人，形象奇特，言语癫狂，上披草领，下系皮裙，蓬头赤脚，指甲长如利爪，遍身黄毛覆盖，手执柳枝，狂歌乱舞，自说："我号赤松子，在王屋（传说西王母居住的昆仑山上）修炼多年，后来随赤真人南游衡山。真人常化为赤色的神首飞龙，往来于王屋与衡山之间。我也化作一条赤色的龙，追随在神首飞龙之后。我是元始众圣之下的臣，能随风雨自由上下，就命我为雨师，主行霖雨。"

唐宋时期，民间所塑的雨师形象是一位身材魁伟的壮汉，留着又长又黑的胡须，左手拿着盂罐，里面盛着一条龙，右手做洒水状。

在旧时代，民间对雨师焚香膜拜，多在淫雨泛滥或天干地旱的时期。地支以"丑"神为雨师，故多在己丑日祭祀。

雷神

雷神，民间俗称"雷公"、"雷师"，或称"五雷元帅"、"雷公鸟"（雷震子）、"五雷神"等。明都印《三余赘笔》说："《易》震为雷，长为男阳也。而雷出天之阳气，故云公。"自古以来民间就将雷公看成是专门惩罚为非作歹之徒，尤其痛恨暴殄天物、糟蹋五谷的人。

远在黄帝时代,就有雷公的传说。《山海经·海内东经》记载:"雷泽中有雷神,龙身而人头,鼓其腹。"在《山海经·大荒东经》又写道:"东海中有流波山,入海七千里,其上有兽,状如牛,苍身而无角,一足,出入水则必风雨,其光如日月,其声如雷,其名曰夔。黄帝得之,以其皮为鼓,橛以雷兽之骨,声闻五百里,以威天下。"这只苍身似牛,一足无角的夔,叫做"雷兽",即"雷

神"。黄帝抓得这只雷兽,剥下它的皮做成鼓,又用雷兽的骨做成槌,击之声传五百里,震撼天下。

《山海经》所记载的雷神是一个兽形,原始人以为雷声出自天鼓,就把鼓与雷神结合在一起。

在民间繁多的雷神故事里,最典型的是广东雷州半岛的雷神。传说,在唐朝,雷州有一位姓陈的人,某日在野地里看到一只大卵,就拿回家藏起来。有一天,这只大卵突然劈啪裂开,生出一个婴儿,手掌上写着"雷州"两字,陈氏便给他取名为"文玉"。以后,陈家庭院便时常有雷声,直到小孩能吃米饭为止。邻人以为是雷神前来哺乳文玉,都称他是"雷种"。文玉长大后,当上了雷州刺史,有功德于民,死后乡人为了纪念他,便盖庙祭祀。传说,每在阴雨天,就会有电光、雷声自庙中传出。因为文玉为卵生,就使人想到飞禽鸟类,就把雷公想象成一个鸟形鸡嘴的容貌。

雷神

道家崇拜雷神，认为雷神"主天之灾福,持物之权衡,掌物掌人,司生司杀"。他们把黄帝视为雷神、封号为"九天应元雷声普化真王",简称"雷王"。

民间相传,农历六月二十四日为雷公的诞辰日,于是多在此日祭祀雷神。

电母

电母,也称"电母秀天君"。明都印《三余赘笔》:"《易》离为电,为中女阴也,而电出地之阴气,故云母。"民间常把"雷公"、"电母"并称,认为电母是雷公的夫人,专门掌管闪电一职。相传,雷公的视力不好,难以辨别黑白,所以在打雷之前,要靠他的夫人电母先用大镜子探照世间,判别清楚了再打。

电母的造型就如一般女神一样,容貌端雅,左手向上,右手向下,各拿一面镜子,专照人间善恶。

起居吉祥篇

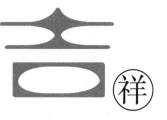

吉祥，吉指福善之事，祥是嘉庆的征兆。人们在生活中，常常感到一种来自社会和自然界的不可抗拒的力量，一方面希望能免于灾祸，另一方面又祈求从远超过他们的力量中得到所应得到的一切。这便是人们普遍存在的求吉求福的愿望。

吉祥图

由来

早在殷商时代，中国人就已经有了吉祥观念。《易·系辞下》载："吉事有祥。"从出土的商周青铜器和陶器上，就可以看到吉祥图案已露端倪。在战国时代，"吉祥"已有表示福善嘉庆之意。《尚书》对"五福"就已做了解释。

求吉求福心理的增强，使先是吉祥语的应用日益普遍，随后发展就产生了采用某种形象，如山、水、花、鸟、树和人物等，构成象征吉祥意义的图案和寓意美好愿望的吉祥物。

吉祥图，源远流长，它反映了我国广大劳动人民对美好生活的追求和向往。现存最早的吉祥图，当推东汉末年绘刻于甘肃成县鱼窍峡的摩崖上，画有五种象征吉祥的动植物：黄龙、白鹿、甘露、连理木、嘉禾。在汉朝，吉祥图已很盛行。汉灵帝时出现了《五瑞图》，三国时又有《瑞应图》。到了封建社会后期，吉祥图在人们衣食住行诸方面广泛应用。在园林门窗、玉石织锦、宫灯首饰，以及各种生活用品上，都出现各种各样的吉祥图案，构思与造型也愈趋精巧，更加富有创造力。

吉祥图多以追求幸福为题材，图案有植物、动物和器物三大类。

吉祥植物

用植物象征吉祥意义的主题，多为寓意长寿、多子多福、富贵、气节、平安等。

寓意长寿。长寿是人类自古以来的企盼，然而，人的寿命是有终限的，人们便把这种不泯的愿望，寄托于某种植物之上，以期得到吉祥的抚慰。

月季。月季花四季开放，连绵不断，称为四季花或长春花，故而月季有长寿的意义。月季配花瓶，称"四季平安"。

菊花、石。传说南阳郦县的溪谷中有大菊，山上流下的泉水得到大菊的汁液，当地人喝了以后都能长寿，便称菊花为长寿花。在中国传统家居中，喜欢用菊花纹装饰瓶一类的器物。用菊与黄鸟组图，"菊"与"举"谐字，黄鸟叫声欢快，寓意欢乐，叫"举家欢乐"。菊与松构图叫"松菊延年"。石有"寿石"之称，将猫、蝶与寿石构图，取读音会意为"寿居耄耋"。

蟠桃。传说蟠桃是西王母娘娘种的仙果，枝蔓伸展三千万里，三千年一开花，三千年一结果。故而以蟠桃象征长寿，这个意义也就及于一般的桃子和桃花。蟠桃配灵芝，称"仙寿"。蟠桃配蝙蝠，称"福寿"。民间多见《蟠桃献寿图》。

松。松树终年长青，是耐冬雪的雄健树木，树龄很长，民间常用之比喻

长寿。将松配上长寿鸟——鹤，俗称
"松鹤遐龄"、"松鹤长青"、"松鹤延年"、
"鹤寿松龄"等。

水仙。水仙因其名有"仙"字，在
很多吉祥语和吉祥图中，水仙常被用
来祝人吉利。将多株水仙和寿石、竹
相配，称"群仙祝寿"。水仙与灵芝、
竹、石相配，称"芝仙祝寿"、"天仙寿
芝"。

寓意多子。古代中国人求吉求
福，即求多寿、多福、多子。寓意多子
的代表性植物是石榴、葫芦和瓜类。
石榴与桃子、佛手被誉为中国的三大
吉祥果。石榴的子很多，以示多子多
孙。据《北史·魏收传》载："齐安德王
延宗纳赵郡李祖收女为妃，后帝幸李
宅宴，而妃母宋氏荐二石榴于帝前。
问诸人莫知其意，帝投之。收曰：'石
榴房中多子，王新婚，妃母欲子孙众
多。'帝大喜，诏收：'卿还将来。'"至此
以后，以石榴祝多子的习俗更加流行，
民间婚嫁时，常于新房案头或其他地
方置放果皮裂开、露出浆果的石榴，以
图祥瑞。石榴半开的吉祥图，叫"榴开
百子"或"榴开笑口"。

葫芦为藤本植物，藤蔓绵延，结果
累累，籽粒繁多，是后代绵延、子孙众
多的象征。葫芦与蔓草构图，寓意"子
孙万代"。葫芦与月季相配，象征"万
代长春"。用盘长（佛教八宝之一）环
成葫芦状，象征"万代盘长"。

瓜类多半是蔓生植物，蔓藤像带
子绵延不绝。"带"和时代的"代"同

音，而且瓜田中又是果实累累。《诗经》上说："瓜瓞绵绵。"因此，瓜类都蕴含着子孙万代、长久不绝的意义。此外，莲蓬中有许多莲子，也被用来寓意多子。民间将莲花和莲蓬构图，称"连生贵子"。

寓意富贵。在传统的求吉观念里，不可缺少的就是求取富贵荣华。

牡丹。牡丹因为有华丽的外形而被誉为花王，被视作象征富贵的"富贵花"，被视作"国色天香"。牡丹配水仙，意为"神仙富贵"。牡丹配芙蓉，象征"荣华富贵"。牡丹配四季花为"四季富贵"，配寿字寓意"富贵寿考"，配海棠称"满堂富贵"。也有用玉兰、海棠、芙蓉、桂花组成"玉堂富贵"吉祥图。

牡丹也常用于对婚姻的祝福。用牡丹配白头翁称"富贵白头"，如再加画竹子，"竹"与"祝"音相似，就成了祝新婚夫妻"白头到老"。

芙蓉。芙蓉花因"蓉花"二字与"荣华"的音相似，也被视为表示富贵的吉祥花。用芙蓉加上一只鹭鸶，"鹭"和道路的"路"同音，可说为"一路荣华"。

　　桂花。桂花的"桂"与富贵的"贵"同音,故常借用寓意富贵。桂花与芙蓉组图,取"芙蓉"与"夫荣"、"桂"与"贵"谐音,寓意"夫荣妻贵"。桂花与莲花相配,叫"连生贵子"。

　　寓意气节、平安。中国百姓除追求多寿多子多福外,更注重气节的表现。

　　松、竹、梅。松、竹、梅被称为岁寒三友,不屈服于艰困的环境,能耐得住冬日严寒而屹立不摇,在吉祥图中常将其作为高尚气节的表率。此外,松还有长寿的涵义。竹,一方面代表祝福的"祝",一方面一节竹子的形状和爆竹相像,爆竹的声音被认为可以驱鬼。《西阳杂俎》记载北都童子寺内有一株竹子,才长了数尺高,按照寺中的规矩,每天都要报竹平安。以后便用竹来比喻平安家书。

　　我国民间表示平安意义的吉祥图多与瓶相联系。将爆竹与瓶相配,称"竹报平安",取"瓶"与"平"同音。在花瓶中插牡丹,加上一盘苹果,取"瓶"、"苹"与"平"同音,称"富贵平安"。如瓶中插稻穗,"穗"和年岁的"岁"同音,便是过年时常用的吉祥语"岁岁平安"。如瓶中插放如意,意取"平安如意"。将双凤头做成瓶耳,意为"双凤平安"。如瓶中插放月季或春牡丹、夏荷、秋菊、冬梅等四季花卉,取意"四季平安"。

　　梅花除表示气节外,配以喜鹊,便称为"喜上眉梢",取喜鹊的"喜"字。如有两只喜鹊,就意味着"双喜"。如梅花再配以竹和月季花,便称为"齐眉祝寿"。

柿子、灵芝。柿子的"柿"字和事情的"事"字同音，灵芝的形状像如意，代表"如意"的意义，两者放在一起，即为"事事如意"。再加上百合花，称"百事如意"。将柿子与桔子构图，取意"万事大吉"。

荷花。荷花的"荷"与"合"、"和"同音，将荷花配上如意，称"和合如意"。将荷花与万年青构图，称"和合万年"。

吉祥植物在图案的调配和表现上可以灵活交换，如梅、竹和月季相配，寓意"齐眉祝寿"，若是将月季换成代表长寿的桃花或菊花，也具有同样的意义。

吉祥动物

狮。吉祥动物图以百兽之王狮子为首，威严的狮子被人们视为辟邪的瑞兽，赋予其喜庆吉祥的色彩。狮子戏绣球，寓意太平吉祥。中国古代官制设太师、太傅、太保"三公"，少师、少傅、少保"三孤"，太师与少师是"公"、"孤"之首，官阶最高。画大小狮子相戏，寓意执掌国政，高官厚禄。

象。象体大力壮，性情温顺，是吉祥的象征。在吉祥图中，一个小孩手持如意骑在大象上，表示"吉祥如意"。由象与万年青、宝瓶、鱼相组合，表示"大吉祥"、"太平有象"、"万象更新"等意。

羊。古代"羊"与"祥"字通，"吉祥"多写成"吉羊"。古时宫廷内所用的一种吉祥车称羊车。古代"羊"又与"阳"通，《易经》认为，正月为泰卦，三阳生于下，此时冬去春来，阴消阳长，乃吉亨之象。所以，人们用"三阳开泰"的吉语祝颂新年好运。吉祥图画成三只羊在一起仰望太阳。

龙。龙是我国古代传说中的神异动物，身体长，有鳞、有角、有脚，能走、能飞、能游泳、能兴云降雨。龙是一种神秘的宝物，不易显现，即使显现了也见首不见尾。龙的出现，是天下太平的征兆，被视为最大的吉祥物。

凤。凤在古代是祥瑞的象征，民间有凤凰不落无宝之地的传说，因而凤凰成了民间画不厌的吉祥物。在传统的习俗中，龙是阳的象征，凤是阴的象征，龙凤结合，是天下最理想的婚姻。双凤朝着太阳起舞，寓意天下昌明,四海祥和。将凤凰与牡丹组图,寓意天下太平,繁荣昌盛。

鸾是传说中凤凰的一类,是吉祥的征兆。鸾鸟绶带是吉祥、鸿运来临的象征。

猴。"猴"与"侯"同音,借喻为封侯之意。如画一只猴爬在枫树上挂印,就是一幅"封侯挂印"的吉祥图。画着猴子骑马的图案,则表示"马上封侯"。画两只猴子坐在一棵松树上,或者画一只猴子骑在另一只猴子的背上,取"背"与"辈"同音,表示"辈辈封侯"。将猴与桃组成"灵猴献寿"图案。

麒麟。麒麟与龙、凤、龟合为"四灵"。据说,麒麟是岁星散开而生,主祥瑞。麒麟被视作仁兽和美德的象征,认为它含仁怀义,择土而践,不踩任何活物,连青草也不践踏。在民间流传有许多麒麟与帝王兴衰密切关联的传说。

民间还视麒麟为送子的神兽。相传孔子也为麒麟所送。孔子出生之前,有一麒麟来到他家院里,口吐玉书。玉书记载着这位大圣人的命运,说他是王侯的种子,却生不逢时。这就是著名的"麟吐玉书"的故事。孔子出生后,也被称为"麒麟儿"。杜甫诗说:"君不见徐卿二子生奇绝,感应吉梦相追随,孔子释氏亲抱送,并是天上麒麟儿。"后来,人们将别家的孩子美称为"麒麟儿"。

《诗经》曾用"麟趾"称赞周文王的子孙知书达理。于是"麟趾"一词就用于祝颂子孙贤慧。如贺人生子的喜联有:"石麟果是真麟趾,雏凤清于老凤声"。横额写"麟趾呈祥"。

在民间的吉祥图中,有多种麒麟送子图,如画一童子头戴太子冠,托护着一小孩骑在麒麟上,或手拿如意,或手拿芦笙,或手拿石榴,或手拿牡丹。服侍在旁的童子或肩扛蟠桃,或肩扛石榴，表达多子、多寿、富贵的美好愿望。

在很多地方，人们给小孩佩戴的长命锁常以金银打制成麒麟状，寄"麟子"之意，以图吉祥。在一些贵妇人的裙子上，常常绘有百兽拜麒麟的吉祥图案，表达某种良好的祝愿。

老鼠。有的地方视老鼠为家有余粮的标志。民间有一幅《老鼠娶亲》图，一群老鼠打扮成新郎新娘，形态可爱，富有情趣。

鹤。鹤被视为羽族之长，称为"一品鸟"，地位仅次于凤凰。鹤为长寿仙禽，具有仙风道骨。传说，鹤寿无量，与龟一样被视为长寿之王，民间常以"鹤寿"、"鹤龄"、"鹤算"作为祝寿之词。在民间吉祥图中，常将鹤与松画在一起，名"松鹤长春"、"鹤寿松龄"等；将鹤与龟画在一起，名"龟鹤齐龄"、"龟鹤延年"；将鹤与鹿、梧桐画在一起，名"六合同春"；将鹤桃相配，名"鹤寿"；鹿也是中国古代吉兽，将鹤与鹿组图，名"鹤鹿同春"；画众仙拱手仰视寿星驾鹤，名"群仙献寿"；画鹤立潮头岩石，名"一品当朝"；画一琴一鹤，名"情操高尚"。

鹌鹑。鹌鹑雄雌有固定的配偶，起居游息，形影不离，被看作夫妻爱情生活和谐、美好的象征。在新婚洞房里剪贴鹌鹑图，预祝家庭和睦，夫唱妇随，生活和谐美好。

"鹌"与"安"同音，鹌鹑又成了平安的象征。吉祥图中，画两只鹌鹑躲在菊花旁边，另有一两片落叶在空中飞舞，借"鹌"、"菊"、"落叶"的谐音，表示"安居乐业"；把九只鹌鹑和一丛菊花画在一起，表示"九世安居"。

鸳鸯。鸳鸯，古人称为匹鸟，雄左雌右，形影不离，飞则同振翅，游则同戏水，栖则连翼交颈而眠，如若丧偶，后者则终身不再匹配。唐李德裕《鸳鸯篇》赞："和鸣一夕不暂离，交颈千年尚为少。"金元好问做诗说："海枯石烂两鸳鸯，只合双飞便双死。"因此，鸳鸯被视作爱情婚姻美满的象征，结婚用品多绘绣有鸳鸯的吉祥图，如鸳鸯衾、鸳鸯被、鸳鸯枕等。在以鸳鸯为题材的吉祥图中，绘鸳鸯与莲花，称"鸳鸯贵子"；绘鸳鸯配长春花，称"鸳鸯长安"、"鸳鸯长乐";绘鸳鸯在荷池中戏游,称"鸳鸯戏荷"、"鸳鸯喜荷"。

喜鹊。传说喜鹊能报喜,被广泛地用于预兆喜庆。春联有:"红梅吐蕊迎佳节,喜鹊登枝庆丰年";婚联有:"金鸡踏桂题婚礼,喜鹊登梅报佳音"。在吉祥图中,画十二只喜鹊,表示十二个美好的愿望;画喜鹊与梧桐,表示同喜;画两只喜鹊,表示双喜或喜双逢;画两只喜鹊飞临门前,表示双喜临门;画喜鹊与古钱结合,表示

喜在眼前;画喜鹊与獾,表示欢天喜地;画喜鹊与竹、梅,表示竹梅双喜、鹊梅双喜、喜上眉梢;画喜鹊与三颗桂圆,"圆"与"元"通,三颗桂圆比喻中国古代科举制度中的解元、会元、状元"三元",寓意名登榜首,喜得三元;由喜鹊与莲蓬、芦草组图,芦草连棵生长,"连棵"与"连科"同音双关,寓意科举连连及第;由喜鹊与花豹构图,取"豹"与"报"同音,寓意喜讯传来;画两只喜鹊围古钱飞,取意喜在眼前。

公鸡。公鸡具有文、武、勇、仁、信五德,头顶红冠,文也;脚踩斗距,武也;见敌能斗,勇也;找到食物能召唤其他鸡去吃,仁也;守信按时报告时辰,信也。民间将公鸡鸣叫,引喻为"功名"。民间流传有一幅吉祥画,画着一只大公鸡引颈长啼,表示公鸡鸣叫,旁

边画有几株表示富贵的牡丹,寓意"功名富贵"。由雄鸡与鸡冠花组图,寓意"官上加官"。有的将一只公鸡和五只小鸡画在一起,构成一幅"五子登科图",这是一幅祝贺金榜高中的吉祥图。在街巷商肆,因"鸡"与"吉"同音,民间通常以鸡为题材,名为"开市大吉"、"大吉大利",祝贺商贾开市大吉。画一雄鸡踞石上,叫"室上大吉"。图作雄鸡对斗状,寓意斗志高昂和

志在必得。

蝙蝠。蝙蝠是一种能飞翔的哺乳动物,因"蝠"与"福"同音,蝙蝠便成了好运气与幸福的象征,画两只蝙蝠,表示能得到双倍的好运气;画五只蝙蝠,表示"天赐五福",即长寿、富裕、健康、好善、寿终正寝;画一位魔法师与惊飞的五只蝙蝠,表示祝愿得到五福;画一篆书的寿字居中,四周均匀排列四只蝙蝠,一只蝙蝠展翅居于寿字正中间,表示"五福祝寿";画盒中飞出五只蝙蝠,表示"五福和合";画一童子或两童子捉蝙蝠放入一个大花瓶,表示"五福平安";画两童将蝙蝠装入瓶内,意为"纳福迎祥";画一童子追逐蝙蝠,意为"盼福"。民间还认为,红蝙蝠是一种特别好的兆头,"红"与"洪"同音,见到红蝙蝠,预兆这一生将"洪福无量"。故而又将蝙蝠与桃,古钱、云、山海、盘长等组图,分别取意"福寿"、"五福捧寿"、"福在眼前"、"福运"、"福海寿山"、"福运绵长"等。

鱼。农民辛勤劳动,希望丰衣足食,因"鱼"与"余"同音,常以鱼借喻生活富足有余。在吉祥图中,常见一个小孩骑在一条鱼背上,或者抱着一条大鲤鱼,称"富贵有余";也有画两条活蹦乱跳的鱼,或画双鱼与磬相连,称"双鱼吉庆";将鱼与莲画在一起,称"连年有余"。"金鱼"与"金玉"谐音,将金鱼与莲花组合为"金玉连发"。又因鲤鱼的"鲤"与"利"同音,鲤鱼图就称为"吉利有余"。缸中金鱼,喻为"金玉满堂"。

在我国民间的吉祥图案中,常出现有孩童的形象。画二童子头、身、手、足连锁,上下左右四面能看到四童子,称"四喜人",寓意子子孙孙绵延万代。画两童子互报喜事状,称"喜相逢",寓意喜事并至。画童子与鱼、牡丹、莲花、松梅、桃、蝙蝠、竹、冠等物相组合,形成"玉堂富贵"、"富贵荣华"、

"连年有余"、"新春大喜"、"金鱼戏莲"、"鱼龙变化"、"五子夺莲"、"多子多寿"、"福自天来"、"万福攸同"、"竹报平安"、"花开富贵"、"五子夺冠"等吉祥图案。

吉祥器物

在中国传统的家居生活中，还赋予日常生活的某些物品以及宗教传说中的宝物以吉祥的意义，视作吉祥器物。

鼎。鼎是古代宗祠里的重器。史载，夏将天下划为九州，九州的名山大川、形胜之地、奇异之物，逐一仿刻于九个青铜大鼎之上，每一鼎象征一个州，九鼎象征天下一统，称"山河九鼎"。

璧、璜、珪、琮、璋。这是中国古代用玉做成的物品。中国古人把美玉当做至高无上之物，认为玉有"仁"、"智"、"礼"、"乐"、"义"、"忠"、"信"的美德，祥瑞有征。故将璧、璜、珪、琮、璋视作"五瑞"。

戟、磬。戟是中国古代的一种兵器，磬是一种乐器。民间取"戟"与"吉"、"磬"与"庆"谐音，将此二物与鱼构图，叫"吉庆有余"；将此二物配以如意，叫"吉庆如意"；将戟插放瓶中，叫"平升三级"。

古钱。中国古代的布币、刀币、圆形方孔钱是生活重宝，人们在古钱形上铸刻吉利文字和吉祥物，寓意辟邪吉利。

犀角、芦笙、宝瓶。"犀"与"四"谐音，"笙"与"升"谐音，宝瓶即佛家观音瓶，相传内盛圣水。将此三物与海构图，取意"四海升平"。

中华文化撷萃丛书

176

古琴、围棋、线装书、立轴画。中国古人视琴、棋、书、画"四艺"为天下太平、偃武修文的标志。用四艺符寓意康宁幸福。

葫芦、宝剑、扇、笛、阴阳板、花篮、荷花、鱼鼓（道情筒）。这八种器物称为"暗八仙"，是民间传说中的"八仙"所持的法器。葫芦为铁拐李所持，能炼丹药救众生；宝剑为吕洞宾所持，可镇邪驱魔；扇为汉钟离所持，能起死回生；笛为韩湘子所持，其妙音能令万物生灵；阴阳板为曹国舅所持，其板鸣，万籁无声；花篮为蓝采和所持，其花果能广通神明；荷花为何仙姑所持，净洁不污，可修身养性；鱼鼓为张果老所持，劝化世人。民间常用这八种宝物作为装饰图案，以期吉祥安宁。

钟、磬、埙、鼓、琴、柷、笙、管是中国古代乐器。金、石、土、革、丝、木、匏、竹等八个种类中的代表，称"八音"。八音和鸣象征吉祥喜庆、天下升平。

法螺、法轮、宝伞、花盖、莲花、宝瓶、双鱼、盘长（吉祥结）等佛教传说中的八件宝物，俗称"八吉祥"或称"八宝"。法螺示佛音吉祥，法轮示圆转不息，宝伞示保护众生，花盖示解脱众生疾苦，莲花示圣洁，宝瓶示福智圆满不漏，双鱼示解脱坏劫，盘长示回环贯彻。

宝珠、古钱、磬、祥云、方胜、犀角杯、书、画、红叶、艾叶、蕉叶、鼎、灵芝、元宝等物，古代称"杂宝"。宝珠为中国神话传说中聚光引火之物，象征祥光，古钱象征富庶，磬象征喜庆，祥云即祥瑞，方胜象征连绵不断，犀角杯象征胜利凯旋，书画象征智者，灵芝象征仙寿，元宝象征富有，鼎象征太平，红叶、艾叶、蕉叶皆吉祥物。此外，笔亦被视为吉祥物，将笔与如意构图，象征必定如意。

吉祥图使用

吉祥图是人类意识观念的产物，是人类向往健康、富裕、美好生活的一种精神寄托。

我国传统的这三大类吉祥图的产生，主要是根据动物、植物、器物的属性，或者是取物品名称的吉祥谐音。如松柏，冬夏常青，凌寒不凋，用以象征品行正直和祝福人的长寿延年；又如合欢，早晨小叶舒展，夜间成对相合，用来表示夫妻恩爱。寿、福、禄、喜、贵、平安，是中国民间最吉祥的字词，名称与这些吉祥字词相谐音的动物、植物、器物，都被视为吉祥物，如绶鸟、佛手、鹿、喜鹊、桂花、花瓶等。随着人类对大自然的认识，一些有益身体的食物，如桃李、枣子、枸杞子、灵芝，也成为吉祥物。此外，神话传说也是吉祥物产生的一个来源，如龙、凤、麒麟等，都是来源于神话传说的吉祥物。还有一些与富贵、幸福、长寿、平安有意义上联系的一些器物，也成为公认的吉祥物，如古钱、银锭、琴瑟、寿石、镜子等。

在中国传统家居生活中，吉祥图使用的范围十分广泛，或用于装饰碗、碟、盆、瓶、罐等器物，或用于装饰桌、椅、凳、床、榻等家具，或用于装饰铜镜、妆盒、发簪，或用于装饰笔、墨、纸、砚，或用于装饰门窗，装饰屋脊，或将吉祥图案绣于衣、帽、鞋、袜、枕巾、被褥、门帘等物之上。特别是民间的婚聘嫁娶，吉祥图更是不可缺少。在许多地方，姑娘订婚时，赠给情人的荷包汗巾上，绣有"凤串牡丹"的吉祥图，表示爱情的专注；陪嫁的花瓶瓷器上，印有"榴结百子"、"福寿绵长"的吉祥图；结婚时，新房里常贴"喜鹊登梅"、"喜鹊争梅"吉祥图。还有将喜鹊与燕子画在一起，称为"燕喜呈祥"。甚至连新娘穿的结婚礼服或绣鞋上，也有玉兰、海棠、芙蓉、桂花组成的图案，寓意夫妻百年好合。

在传统家居生活中，吉祥图的张贴也形成了一定的习惯。一般来讲，红福字贴在大门之上，金寿字贴在正厅堂，红喜字贴在窗棂上，"日进斗金"贴在账房或厅堂上，"金玉满堂"贴在厅堂，"麒麟送子"贴在单门或内堂壁上，"合家欢乐"贴在厅堂或卧室门上，以营造家居生活的吉祥气氛。

起居风水篇

FENGSHUI 风水

风水包括增进对人们周围事物的知觉，为改善人们的生活而做出更多的反应，使人们知道何时采取行动，并且学会如何欣赏事物的最好方面。

自然环境

中华文明自成一体的原因之一，就是因为"与世隔绝"的自然地理条件，西南、西面临山，东岸面海，北面、西北面为沙漠与大草原，再加上温暖湿润的气候，肥沃深厚的土壤，使中国的农耕文化延续了几千年。由此可见，大到一个国家，小到一个城市、一幢建筑的结构与形态，都受自然环境的影响。其中为风水首重的自然环境的优选，包括气候、地形、水文、土壤和植被等诸多因素。

气候因素

气候是自然环境中重要的因素，它主要通过温、风、雨三因子影响人居环境质量的优劣。然而，这三因子具有明显的地带性和区域性，在空间形成不同的组合形式，从而产生了人居环境的差异。

温度　主要指太阳辐射引起的近地面大气温度。地面接受太阳辐射能，与太阳入射线与地面形成的夹角（即高度角）有关。而太阳高度角又与纬度有关，从而使地球近地面大气温度具有明显的纬度地带性。这就是随着纬度增高，太阳高度角减小，吸收的辐射能减少，气温下降，一般纬度每增加一摄氏度，气温也下降一摄氏度。反之，气温升高。中国古人早就认识到这一规律，故在《周礼·地官》中云："日南侧景短多暑，日北则景长多寒。"

地球表面,在吸收热量的同时也会失散热量(即辐射热),但失散热量与纬度不成直线相关,而呈偏态抛物线。即在零度至二十度纬度区,随纬度增高而增大;在三十度以上区域,随纬度增高而失散热量反而下降;在二十度至三十度纬度区域,处于相对稳定状态。综合吸收与失散热量的结果发现:低纬度区域热量吸收超过失散;高纬度区失散超过吸收。只有三十度纬度区,热量收支接近平衡,略有盈余。

这也许就是三十度纬度带附近,人类文明遗址较为集中的重要原因。非洲的尼罗河下游、幼发拉底河和底格里斯河下游、印度河中下游、长江中下游、黄河流域等人类文明发祥地,均在二十五度至三十度纬度带内,相对稳定而平衡的温度条件,成为最适宜生物繁衍生息和人类居住的地方。

风　风是空气流动的结果,是运动的空气。而空气流动是气温引起的气压差异的必然结果。在低纬度赤道带,因太阳辐射强,空气增温上升,形成赤道低压带,又称赤道无风带,偶尔有变化不定的狂风。

赤道地区空气受热上升后,至对流层顶部(距地面十二公里左右),开始向南、北中纬度亚热带方向流动,到南、北纬三十度附近,高空大气开始下沉。形成副热带高压带,与赤道低压带之间就形成向赤道带流动的信风带。信风在地球自转惯性的影响下,产生偏转的科里奥利力。

从而出现北半球向西偏转的东北信风,南半球向东偏转的东南信风。地球表面百分之七十以上是海洋,由于海陆的物理特性差异,大陆与海洋之间形成特殊的大气环流。以一天为周期的环流称海陆风:夜间海洋降温慢,大陆降温快,形成大陆高气压向海洋低气压流动的陆风;白天海洋升温慢,大陆升温快,形成海洋向大陆流动的海风。

以一年为周期的环流称季风:夏季大陆气温升高,形成低压,风由东南

太平洋海面吹向西北欧亚大陆,在北半球形成以东南季风为主;冬季相反,北半球以西北季风为主。

从风这个气候因子分析,地处北半球的中国境内,人居环境选择上以背西北季风、迎东南季风为利,尤其是夏季湿热的南方,建筑朝向以南偏东为吉,并应随纬度降低而偏东角度增大。

相反,在北方气候条件下,以冬季寒风、春秋"沙尘"为主要矛盾,故在建筑朝向上应选与西北季风成垂直的西南"热轴"为佳,并随纬度增高而南偏西角度增大,但以南偏西四十五度为限。同一纬度带内,人居环境就通风纳凉和湿润透气条件而论,以东南沿海为最佳,可获得海陆风和东南季风双重优势。

雨　雨,即大气降水,是地面淡水资源的主要来源。受大气环流、海陆分布、地形条件等因子影响,在我国大陆空间分布上,具有自东南向西北递减趋势;自沿海向大陆减少的规律;暖湿气流迎风坡多雨,背风坡少雨的现象。在亚热带地区,可以出现季风气候,地中海气候与荒漠气候。季风气候区,夏季,热带海洋气团带来大量降雨;冬季,受极地大陆气团控制,降雨减少。

地中海气候区,就北半球而言,夏季,因副热带高压北移控制和受热带大陆气团影响,干旱炎热;冬季,受西风控制,暖湿多雨。荒漠气候区,大致在南、北回归线到南、北纬三十度之间的大陆内部和西岸,在副热带高压带或信风带双重控制下,常年干旱少雨,高温炎热。

因此,季风气候区是最适宜人类生活的地方,尤其在海洋性季风气候区。这也说明了长江中下游、东南沿海成为人居环境优选地的气候原因。

气候因素,除了经纬度的水平分异外,还受地面海拔高程的影响。山体只要有五百米左右的高度,就会出现较明显的垂直分异现象。

气温随高度上升而下降,平均每上升一百六十米温度下降一摄氏度。"高处不胜寒",就是反映气候的垂直地带性。因此,在低纬度湿热区选择高海拔的台地高原,有利于人居环境。如云南的昆明,海拔两千米的高原平台上,可获得四季如春的环境。

温度的日较差与高度成正比,海拔越高,日较差越大。在相似海拔高程下,处于山顶山脊部位的温度日较差较小,河谷盆地日较差就大。山地日较差大;平原日较差小;丘陵处于中间过渡状态,有一定的昼夜温度变化,但不是很大。因此,丘陵区是人类较为适宜的居住环境,日较差太大或太小均不利人居环境。

地形因素

地形,是地球表面起伏变化的形态。地形可分为山地、丘陵、岗地、台地和平原等类型。《阳宅十书》中讲:"人之居地,宜以大地山河为主,其来脉气势最大,关系人祸福,最为切要。若大形不善,总内形得法,终究称不为上宅。"这就道出了地形环境的重要。

在地形选择中,应优选地形转折的过渡地段,因为这里容易找到《葬经翼》中所讲的"势来形止,是谓全气。"

《博山篇》云:"势来形止,生气可乘。龙欲其聚,不欲其散。龙欲其止,不欲不行。"也就是"冲阴和阳"的吉地。

如山地向谷地过渡的山前洪积扇;丘陵向平原过渡的谷口冲积扇,沿河阶地、河口三角洲。在这类地形转折地段,地形起伏平缓而有一定倾斜。地面排水良好,地下有一定埋深的侧渗地下水活动,可以实现风水中要求的"地高而不旱,居下而不涝"的人居环境,达到《管子·地员篇》中提出的"高毋近旱而水用足,下毋近水而沟防省,因天时,就地利……"的环境要求。

在地形考察分析中,要求山有"来龙去脉",山丘绵亘起伏,屈曲奔变,过峡束脉,为"真龙"结穴之地,可为人居基地之"背景"倚靠。因为山丘连绵起伏,山势远大,定为集雨面积广大,即为"天门开";山形屈曲奔变,天际线(即山脊线)必然优美;若山体分枝顺、逆相伴,必有"圈椅状"、"马蹄形"山弯(山岙、山埠、山冲、坝子)等地形单元出现;山脉的末端出现过峡束脉,必然形成"蜂腰"、"鹤膝"状的"马鞍"地形,就成为"结咽束气"的玄武(主山),其主山之前就可免受来自后山的山洪和泥石流等山地灾害威胁。若能玄武之前又有平缓突起,形成一个相对独立、"似绵又断"的岗地,与主山呈"胎息"状,这就是"突穴",形家称"玄武脑",是聚气"宝地",是人居最佳环境。

地貌因素

地貌,是地貌学中的概念。它是反映地面形态、成因、组成和发展演变趋势的综合特征。其中形态、成因和物质组成尤为重要。因此,在地貌类型划分中必须反映这三个方面的特征。

从地貌学分析风水宝地,就是寻找空间布局上相对独立的地貌单元。如山地丘陵区的第三纪红层构造盆地、山前古洪积扇、谷口古洪积扇、河流二级阶地等地貌单元。均处于地形转折地段和相对独立而稳定的地貌单元,是人类居住的理想环境。

其中古老的构造盆地,是中华民族主要的居住地。如关中盆地,是周先民的发祥地;浙江人主要居住在四十六个大小盆地中,大多为古老的第三纪红层盆地。小至一个村落,如诸葛村、武阳村;大到地市级城市,如丽水市、金华市、衢州市等。

河海相的河口三角洲,更是通江达海的宝地。就全国而言,黄河三角洲、长江三角洲、珠江三角洲都是人口最密集的区域。

从浙江省看,三江交汇的宁波市、钱塘江河口的杭州市、瓯江河口的温州市、椒江河口的台州市,均为东南沿海经济发展最具活力的城市,正是人杰地灵的风水宝地,是大都市优选之地。

至于河流二级以上的阶地、台地一般面积较小,大都是村镇优选的地方,是水景住宅、亲水建筑的好地址。而山前古洪积扇、谷口古洪积扇,则是山居别墅、旅游景观住宅的优选地;港湾平原边缘的山前古洪积扇,更是开发海滨别墅的最佳地段。

水文因素

水是生命之源泉,被风水家视为"地之血脉"、"穴之外气",故在人居环境选择中尤为重要。

风水称"有山无水休寻地"。在"形势宗"风水中视"气为水之母,水为气之子,气行则水随,水止则气蓄。";《水龙经》云:"水积如山脉之住,水流如山脉之动,水流动则气脉分,水环流则气脉凝聚。""大河类干龙之形,水河乃支龙之体"。

水文条件包括地上水和地下水,在风水选址中主要看地上水的水系布局。凡水面广大、深渊,水流屈曲环抱,必有佳地。

所谓"大荡大江收气厚,涓流点滴不关风"。在平原地区,凡水系交织汇聚之地,为气融注之处,可择高亢之地作为建筑基址。

《博山篇·论水》云:"水近穴,须梭织。到穴前,须环曲。既过穴,又梭织。若此水,水之吉。"

《水龙经》也讲:"平洋只以水为龙,水绕便是龙身泊,故凡寻龙,须看水来回绕处求之"。并在"自然水法"的歌诀中有:"自然法君须记,无非屈曲有情意,来不欲冲去不直,横须绕抱乃弯环"。

如是单体建筑选址,《阳宅大书》讲:"凡宅左有流水,谓之青龙;右有长道,谓之白虎;前有水池,谓之朱雀;后有丘陵,谓之玄武。为最贵地。"

《水龙经》云:"后有河兜,荣华之宅;前逢池沼,富贵之家。左右环抱有情,堆金积玉";"水见三弯,福寿安闲。屈曲来朝,荣华富饶。"

在水系布局优选的基础上,也要看水质、水声等。如《博山篇·论水》:"水,其色碧,其味甘,其气香,主上贵。其色白,其味清,其气温,主中贵;其色淡,气味辛,其气烈,主下贵。若酸涩,若发馊,不足论。""水有声为凶,无声为吉。鏊鏊可取,最忌悲泣。"

植被与土壤因素

风水将植被视为"龙之毛发",把土壤比拟为"龙之肉",将岩石看为"龙之骨"。植被生长的好坏是生态环境质量的直接反映,故风水中强调"童山不可栖"、"童山不可葬"。

良好的自然植被可以防止水土流失,可防止崩塌、滑坡和泥石流等灾害的发生。因此,人居环境应优选原始自然植被保护良好的山麓、低丘缓坡地。人造林,尤其是单一林种的松、杉林和笋用竹林,仍有山地灾害发生的可能。村落和住宅的靠山、砂山应严格封山育林,或栽种禁止挖笋的材用毛竹林。

土壤,是生态环境中最重要物质基础,它直接关系植被的生长、水源涵养、地基稳定,等等。土壤还是反映环境稳定性的重要指标。

土壤剖面发育良好、土层深厚、质地匀细、土壤湿润的"五色土"风水中称为"吉土",应为优选。土层深厚,说明这里无水土侵蚀;土呈"五色",反映成土条件相当稳定,有黑、红、黄、白、灰等各色发生土层分异。质地匀细的粘土承压力可达每平方米二十五至五十吨,可满足四层以上的民房建筑承压力的要求,其中,尤以古红土为最佳。因此,古人类遗址、古村落、古民居和古墓葬地均以古红土岗地为多。

土壤湿润有光泽,说明土壤中有毛管水活动,"气随水行"能将地气(生气)导引上升,但又不会积水潜育化。若潜育积水,土色必然变蓝、变青灰色,且会出现重力水。故湿润的土壤最有利于住宅环境,润而不湿,干而不燥。

人文环境,包括城市的沿革与变迁、文化背景、经济和交通区位等人类活动所造成的外部环境。它是人居环境中重要的组成部分,在城市选址和发展中必须考虑的内容。

历史沿革与变迁

城市的形成和建制,都有其必然性,都是在一定的历史发展过程中,或因物产资源、或因交通枢纽、或因战略要地而逐渐形成城镇。如大庆市,因油田而生;武汉市,因交通枢纽而成;徐州市,因战略要地而立。

城镇,在历史上可能几易其名,几度变迁,大多出于当时政治经济需要。

尤其在古代中国,将都城视为封建王朝的象征。"从项羽开了一个像消灭敌人一样消灭都城的先例,其后就成为中国城市发展的一个特殊传统,新的王朝兴起就兴筑新的城市,王朝的败亡就连同作为国都一起毁灭。"

这一陋习一直影响到各级地方政府,反映在城邑成"跃迁式"发展轨迹与西方古城呈"同心圆"式发展形成鲜明对比。

因此,中国城镇建制变迁是十分频繁的,在新城选址和老城发展空间选择中,必须详细风水堪调,综合分析历史沿革和现状布局,有利于确定城市性质和规模,有利于正确把握城市发展方向。

文化背景

一个古老的城市或乡村,必有其历史的文化淀积,形成特有的文化背景,即文化基础。文化基础可分自然与社会的记载、传说,人才出现状况,当地风土人情等方面。

自然与社会的记载、传说，包括文传和口碑的，皆可参录。其中古老的城镇，均有地方志，国立省属图书馆都有收藏。

地方志中一般开篇常是"堪舆篇"，专载当地的星宿分野。古时无经纬坐标，故以星象定位。还专门论述山水的"形胜篇"，记载当地来龙去脉，选址的风水条件，反映当地的山水格局、场气优劣等，可为现代规划提供地形、地貌、小气候和人文发展的资料。

人才出现的多少，固然有多种因素，有时代的、政治的和文化因素等。

但是，在同一地方，同一时代，人才辈出，在风水学上认为有其一定的地理因素或天地因素。人秉天地而生，与天时、地利不无关系。

风水学说认为"山主人，水主财"；"山青水秀出才子，穷山恶水出刁民"。

反观之，若同一地方人才辈出，则可为我们人居环境研究提供启迪，为城镇规划优选提供依据。

我国是一个地域广大、民族众多的国家，各地区因历史文化差异，民族风情各不相同，存在不同的风土人情，各异的自然习惯，城市规划、建筑设计要有风貌特色，就不能脱离当地的实际。

否则就会产生城市建设中的"千城一面"，城市"克隆"，使城市失去"记忆"。有的民族喜白色，有的爱红色；有的喜水，有的乐山。吉凶图腾也各不相同。这类喜乐禁忌从风水学上分析，都将直接影响环境的风水场气，用现代科学讲，即为心理反应。

因此，在城市、村镇规划中应予以尊重和参考。至于各国间的差异就更大了，如汉民族为主的中国，将荷花视为"出污泥而不染"的君子；在日本大和民族的眼中，荷花被看成"下贱"的，绝不能庭栽观赏。因此，城市规划中不能照搬照抄国外的东西，否则不顾民族感情抄袭国外设计，必成城市建设中的"败笔"。

区位条件

区位是指某一实体（如城市）与另一社会实体的相对位置关系，也就是相对地理位置。因标识的参照物属性不同，区位又可分为自然区位、经济区位和交通区位。

自然区位　是指某一物体与另一自然实体的相对位置关系。如北京城，背倚西北燕山，东南怀抱华北大平原；南京城，位于长江下游南岸，西连江淮平原,东接太湖平原等。

自然区位,实为风水学中的自然山水格局。在某些特定的自然区位条件下,就容易形成城市或村落,如沿河阶地、海岸港湾、山麓古洪冲积扇、山间盆地等。因此,幼发拉底河、底格里斯河、尼罗河、黄河与长江,不仅孕育了人类的古代文明,而且在沿河形成了曾经盛极一时的城市。如公元前320—322年,古埃及以卡洪城为代表的十三个都城都建在尼罗河畔。

经济区位 是指某一实体与另一社会实体的相对位置关系。城市经济区位,是一个城市与周围其他城市之间的相对位置关系,包括它们之间的距离,它们之间在自然、经济、文化以及历史上的差异性和相似性等。对于一个城市的发展而言,经济区位显得更为重要。

在一定区域范围内,一个有利的经济区位不仅会影响到城市的产生,也关系着城市的发展和未来。如深圳、珠海等沿海开放城市的崛起,除得益于国家的改革开放政策之外,不能不说与其毗邻港澳的经济区位条件有很大关系,可谓"近水楼台先得月"。因此,在城镇选址时应优选靠近大城市的经济辐射地段。

交通区位 是一个综合反映自然区位和经济区位的相对位置关系,对城市的形成和发展至关重要。其影响主要表现在三个方面:

交通区位是绝大多数城市形成和发展的基本条件和决定因素。具有交通区位优势的位置,尤其是具有枢纽性质的位置,一般都会形成具有相当规模的城市。

如武汉市,是中国南北陆上交通、东西水上运输的主要干线交汇区;郑州市,是京广、陇海二条纵横铁路干线的交汇点;上海市,位于中国东海岸中部、长江入海口,背负长江三角洲及广大流域腹地,面向太平洋,是国内外交流通商的接点,必然成为金融贸易中心和国际化大都市。

两个城市之间的"断裂点"上最易产生新城市。1949年,康维斯提出一个著名的"裂点理论"。按此理论,在交通连接起来的两个城市中间,会出现一个断裂点，断裂点上最容易产生新的城市。

无论是古代，还是现代，新城的产生都验证了这一理论。如古城汴梁（今开封），处在京杭大运河的断裂点，北宋时成为全国都城和政治中心，鼎盛时期人口达一百万以上，堪称当时的世界级大都市。四川省攀枝花市的发展，除与当地拥有钡、钛、磁铁矿等资源优势外，还得益于其处于成昆铁路线上，距离昆明和成都分别为三百九十六公里和七百五十七公里的断裂点位置上。

交通区位具有动态特征。由于自然原因和交通工具发展的原因，往往会引起一个城市兴起或衰退。如京杭大运河的开通，使运河沿岸汴梁、泗州、淮阴、扬州、杭州等一系列城市兴起；铁路的修建，又使沿线一些小村庄变为城市，如郑州、石家庄从一个村落发展成一百万人口以上的大城市。

与此同时，也使原来兴旺的汴州（开封）相应衰落。这也就是风水学中所谓的"地运"变化。风宝地只反映在地理空间上的环境优选，并不具有时间上的永恒优选。这种时变在地理上的反映，称之为"地运"。

项乔在《风水辨》中讲："大抵山川各有旺气，随方随时而迁转，不可执著者也。当其气之方会，虽海上无人之境，亦足以生人，不必青龙、白虎、朱雀、玄武之相凑合也。及气之衰，虽名山大川，通都巨镇之形胜，而或变为荒莽无用之区矣，人之贫贱、富贵、死生、寿夭，要皆关于气运之隆替，此理之常，无足怪者。"

缪希雍的《葬经翼·望气篇》中说："关中者，天下之脊，中原之龙首也；翼州者，太行之正，中条之干也；洛阳者，天地之中，中原之粹也；燕都者，北陇之尽，鸭绿界其后，黄河挽其前，朝迎万派，拥护重复，北方一大会也。之数者自三代以来，靡不为帝王之宅，然兴衰迭异者，以其气有去来之不齐也。"

上诉论述的共同观点"地理之气（地运）"不是一成不变的，同样的山川地势，同是一处土地，当气运未至或气运已过，则其风水效应是完全不同的。

历史遗迹

历史遗迹的风水保护，是容易被人们所忽视的，从而造成新的建设性破坏。历史遗存的建筑群能长期保留下来，均有其客观原因：或地域优越，免遭自然灾害；或结构合理，抗震避灾；或价值意义大，受人爱惜。

如杭州市萧山区许贤乡西山村，1991年九月十七日一场暴雨引发了二百七十多处崩塌、滑坡,最后形成巨大的沟谷型泥石流,冲毁了谷地中全部民房和谷口的纺织厂,即民房二十间,厂房二百多间,谷中泥石流堆高二米,当场死亡一人。

但是,就在这样严重的山地灾害中,谷地中竟有一座小庙安然无恙!是什么原因呢?当地老百姓深信"菩萨保佑",于是小庙香火从此兴旺异常。其实是小庙选址合理,当时肯定请风水先生堪舆定位,在风水选址之时,就已考虑到山洪灾害的危险。

由此可以看出,许多古遗迹当时建设时,大多作风水堪舆,能保留到现在定有它的道理。俗称"存在就是合理",我们在新建设规划中必须充分尊重它,珍惜它,不至于造成建设性破坏。

在认识风水遗存保护意义的同时,还要解决保护什么、怎么保护的问题。

天津大学一级建筑师亢亮教授认为:"保护,首先是风水格局的保护,不能破坏原有的布局和神韵。其次是周边生态环境的保护、水系形态和水质的保护。保护的原则:应是维修须按原貌,整旧如旧,新补配套建筑,必须按原风貌,不能破坏原格局,不能喧宾夺主;新老建筑必须严分离,保持足距离(五公里)。"

历史遗迹的风水利用,这是城镇选址中又一个重点。历史古迹、遗迹都经风水堪舆,具有一定的风水格局。在现代规划中,如能解读理解其内涵,依托和利用这些遗迹,对发展城市极为有利。

如天津古文化街的新规划,选定在"天后宫"近旁,借此以汇集步行人流;湖南岳阳市的新建商业步行街,规划在去岳阳楼的必经路段,人气极旺。

物语分析,包括建筑物语的分析和自然物语的分析。古代建筑,是有丰富文化内涵的，是有思想性的。也就是有"语言"的，人们可以从中解读。

这些语言表现在建筑形态上、装修上、色彩上、倾向上、数字上。常以隐喻形式存在。如兰溪三江口的水口塔，有镇金华江对冲之意；杭州六和塔，有镇潮之意。又如故宫门钉八十一根；九龙壁玻璃砖二百七十块，均有隐喻崇阳、九数语意。

自然物语是指自然山水有情，植物有情，天地生万物均有性情，有语言。

因此，在自然环境选择中，应选择良好感情，优美流畅语言的山形山势，作为朝、案之山。如常见吉利之山：文笔山、笔架山、马鞍山等；回避凶煞不吉之山：墓庐山、锅底山、狼牙山、鹰嘴山等。在朝、案山上不宜建墓地、不宜建阴碑、不能是秃山；植被破坏的"童山"，不宜作依托之山和朝案山。这些形态各异的山体都暗示、隐喻着环境的优劣，影响人的生长和情绪，反映出气场的好坏，从而影响人的行为和修养。

水流形态，对人居环境有着直接影响，若形态物语不利人居，势必隐患丛生。水之本性是曲线运动，屈曲的河床能消能防灾。

但有不少水利工程将河流截弯取直，结果造成河流暴涨暴落，旱涝灾害加剧。还有一些土管部门，为争取当地用地指标，大肆填河、埋塘，破坏自然水系格局，其后果也是不堪设想的。

因此，城镇建设、乡村规划中必须深刻解读水流物语，作生态环境的分析评价，然后再作改造和取舍。